Environmental Chemistry Experiment

环境化学实验

卜庆伟　王建兵　主编

化学工业出版社

·北京·

内容简介

环境化学实验是环境科学与工程类相关专业的重要实验课程，是学好理论知识不可或缺的部分。本书在实验的编排上，从环境化学相关科学研究的关注点着手，以培养学生创新研究和解决复杂工程问题的能力为目标，在传统基础实验基础上编入了一些最新的前沿研究资料，注意反馈当今所关注的环境问题的最新进展。本书主要涉及环境污染物基本性质、环境介质特征、污染物迁移与转化过程、生物过程及毒性、污染控制与环境修复等方面的关键实验技术。全书共36个实验，是本书的主要内容，每个实验包括实验背景、实验目的、实验原理、仪器与试剂、实验步骤、数据处理、知识拓展、思考题和参考文献。

本书注重学生今后在研究实践和生产实际中所需实验技术的培养，并关注环境化学领域最新研究成果的引入，旨在适应环境化学的发展趋势和高等院校环境科学、环境工程等相关专业的实验教学需要。本书可供环境科学与工程类相关专业学生学习，也可作为一线教学和相关科研、技术人员的实验辅导教材。

图书在版编目(CIP)数据

环境化学实验/卜庆伟，王建兵主编．—北京：化学工业出版社，2022.6

ISBN 978-7-122-41101-3

Ⅰ.①环…　Ⅱ.①卜…　②王…　Ⅲ.①环境化学—化学实验—教材　Ⅳ.①X13-33

中国版本图书馆CIP数据核字（2022）第052130号

责任编辑：卢萌萌　　　　装帧设计：张　辉

责任校对：杜杏然

出版发行：化学工业出版社（北京市东城区青年湖南街13号　邮政编码100011）

印　　装：北京科印技术咨询服务有限公司数码印刷分部

710mm×1000mm　1/16　印张11¼　字数200千字

2022年9月北京第1版第1次印刷

购书咨询：010-64518888　　　　售后服务：010-64518899

网　　址：http://www.cip.com.cn

凡购买本书，如有缺损质量问题，本社销售中心负责调换。

定　　价：48.00元

前言

PREFACE

环境化学课程是环境科学与工程等相关专业的核心课程，是认识和解决环境问题的理论和技术基础，该课程的特点是理论性与实践性突出，需要大量的实验实践来强化和补充理论知识的学习，才可以达到良好的效果。环境化学学科经过数十年的发展，研究的核心呈现出如下新的特点和问题：从重视末端治理技术到建立多手段多污染物控制的综合防治技术体系；从单一介质的污染控制方法到多介质复合污染物的机理和协同控制技术；流域协同治理逐步覆盖原有的城市污染控制。上述发展特点决定了环境化学理论和实验教学过程中应该重视污染物在环境多介质中的过程研究，换言之，深刻认识污染物的环境过程是多介质、多污染物协同治理的根本。

本书在编写过程中，在遵循基础环境化学实验的前提下，重点关注了如下几个方面：一、关注污染物的环境过程；二、关注多介质过程；三、关注学科最新发展成果。详细来讲，本书编写过程从环境化学相关科学研究的关注点着手，以培养学生创新研究和解决复杂工程问题的能力为目标，打破原有编排体例，在传统基础实验基础上编入了一些最新的前沿研究资料，注意反馈当今所关注的环境问题的最新进展。本书主要涉及环境污染物基本性质、环境介质特征、污染物迁移与转化过程、生物过程及毒性、污染控制与环境修复等方面的关键实验技术。此外，本书特别考虑融入了碳中和背景下能源背景高校的特色。本书注重学生今后在研究实践和生产实际中实验技术的培养，并关注环境化学领域最新研究成果的引入，旨在适应环境化学的发展趋势和高等院校环境科学、环境工程等相关专业的实验教学需要。

本书是对笔者近年来开展环境化学实验教学过程的相关总结，是笔者及相关研究生的集体智慧和辛勤工作的成果。全书具体分工如下：第一章由卜庆伟、王建兵编写，第二章由王建兵、卜庆伟、黄海涛、吴晓泽、皇甫永浩编写，第三章由卜庆伟、黄海涛、吴晓泽、皇甫永浩编写，第四章由卜庆伟、王建兵、吴晓泽、赵瑞庆、黄海涛、曹红梅、李庆山编写，第五章由卜庆伟、吴晓泽、黄海涛、李庆山、杨伟伟编写，第六章由卜庆伟、赵瑞庆、吴晓泽、黄海涛、杨伟伟编写，附录由卜庆伟、王建兵编写。一稿完成后，相互校对，最后由卜庆伟、王建兵总校对并统稿。

本书的编写得到教育部第二批新工科研究与实践项目“能源矿业类高校煤炭洁净利用相关专业多学科交叉复合改造升级探索与实践（课题编号：E-KYDZCH20201801）”、北京高等教育本科教学改革创新项目“碳中和背景下煤炭特色高校面向减污降碳复杂工程培养创新人才的探索与实践”的资助。此外，本书在编写过程中广泛借鉴参考了已出版的有关教材、专著和文献，在此谨向有关作者表示诚挚的谢意。

由于笔者研究领域和学识有限，书中难免有不足之处，恳请广大读者不吝赐教，我们将在今后工作中不断改进。

编者

2022年1月

目 录

CONTENTS

第一章

概论

第一节　环境化学的研究内容及特点

随着工业化时代的到来，化学为人类社会提供了品种繁多的生产和生活用品，为现代化社会做出了不可磨灭的贡献。与此同时，大量有害化学物质进入自然环境后，大大降低了环境质量，直接或间接地损害了人类的健康，对生态系统的各种生物带来潜在风险。

在解决复杂环境问题时，通常需要多学科协作以进行系统深入研究。由于大量环境问题与化学物质直接相关，因此，环境化学在研究污染物的来源、消除和污染控制，确定环境保护决策，以及提供科学依据等诸多方面均有非常重要的作用。

环境化学是一门研究有害化学物质在环境介质中的存在、化学特性、行为、效应及控制的化学原理和方法的科学。它既是环境科学的核心组成部分，也是化学科学的一个重要分支。环境化学的主要研究内容包括：有毒有害物质在环境介质（如水、大气、土壤等）中的存在水平和形态；有毒有害物质的来源以及在单一环境介质尤其是环境多介质中的环境化学行为；有毒有害物质对生态系统和人体健康产生的毒性效应机制及风险；有毒有害物质已造成影响的缓解、消除以及防止危害产生的方法和途径。

根据环境化学的学科研究任务来看，环境化学的特点是从微观的原子、分子水平分析认知宏观的环境污染现象与演变的化学机制及其防治途径，核心内容是研究化学污染物在环境中的迁移转化行为和效应。环境化学的研究方法与基础化学略有不同，它所研究的环境本身是一个多因素的开放性体系，具有变量繁多、条件复杂的特点，许多基础化学原理和方法不可以直接运用。化学污染物在环境介质中的存在水平往往很低，通常只有 10^{-6}～10^{-9} 量级的水平，甚至更低。环境介质样品一般组成较为复杂，化学污染物与介质之间还存在交互作用而导致形态多样，给研究其效应带来巨大的挑战。化学污染物的环境污染、迁移转化等具有明显的时空特征，部分化学污染物分布广泛，在不同的时空条件下有明显的动态变化。环境化学学科经过数十年的发展，研究的核心呈现出如下新的特点和问题：①从重视末端治理技术到建立多手段多污染物控制的综合防治技术体系；②从单一介质的污染控制方法到多介质复合污染物的机理和协同控制技术；③流域协同治理逐步覆盖原有的城市污染控制。

上述发展特点决定了环境化学理论和实验教学过程中应该重视污染物在环境多介质中的过程研究，换句话说，认识污染物的环境过程是多介质、多污染物协同治理的根本。同时，环境化学是一门以实验科学为基础的课程，兼具理论深度和实验难度，需要大量的实验实践来强化和补充理论知识的学习，才可以达到良好的学习效果。

第二节　环境化学实验学习的基本知识和要求

环境化学实验是理论课程环境化学的补充，也可以看作是相对独立的一门课程。通过各种类型实验的开设，加深学生对理论知识的理解，了解开展环境化学学科研究的基本方法和步骤，掌握研究化学污染物环境污染及行为的基本方法和手段。环境化学实验的学习，要求学生掌握一些基本的知识、技能和要求。

一、样品采集及装置使用

开展环境化学研究首先要解决的问题就是环境介质样品的采集，需要了解环境样品采样点布设、采样方法、所需要的仪器设备、样品保存与制备等。这部分知识可以从环境监测课程中详细了解和掌握。

环境介质样品采集所涉及的装置包括大气颗粒物采样器、水采样器、土壤采样器、沉积物采样器等，需要学生掌握对于不同的环境样品，应该采用哪种采样装置，包括对样品采集装置材质的基本要求。

二、样品前处理

环境介质样品的复杂性、化学污染物的痕量性等特点决定了环境介质中化学污染物的测定及行为分析均需要进行一定的分离、纯化等前处理过程。涉及的知识包括环境介质中化学污染物的提取、分离、纯化、浓缩等。由于化学污染物的性质和特点各异，在测试分析前所需要的前处理过程也有所不同。

样品前处理的基本操作包括化学污染物的提取、分离、纯化、富集、浓缩等。例如，地表水样品中多环芳烃的提取，可以采取液-液萃取、固相萃取等方法。鉴于干扰物质的存在，还需要通过硅胶、中性氧化铝等不同吸附剂进行目标物的纯化。在样品前处理过程中，涉及大量溶剂的使用，由于多环芳烃的含量低、仪器分析检出限低等，还需要采用 KD 浓缩器或者氮吹仪进行浓缩处理。对于痕量污染物的分析，样品前处理是必不可少的一环，也是保证仪器分析准确性的重要步骤。

三、仪器操作

化学污染物的分析对于仪器的依赖性不言而喻。环境化学实验课程中主要要求掌握常用仪器（如可见-紫外分光光度计等）的基本操作，还需要掌握大型仪器（如气相色谱、气相色谱-质谱、液相色谱、液相色谱-质谱、电感耦合等离子体质谱等）的基本原理和操作。

四、软件使用

环境化学研究过程中，常常涉及一些基本化学软件的使用，包括化学结构制图软件（ChemDraw）、污染物环境行为预测软件（比如 EPI Suite、逸度模型等）、污染物毒理效应预测软件（ECOSAR 等）。

五、实验数据处理

实验数据处理主要包括两个方面：一是谱图数据的处理，包括光谱图、质谱图等；二是数据的统计处理，主要是利用数据统计的基本原理及相关软件进行数据统计处理和制图，可通过 Excel、Origin、SPSS 等常用统计和制图软件进行处理。

六、良好的习惯

实验前做好预习，理解实验目的和要求，了解实验背景和原理，弄清楚实验步骤，养成严谨的科学态度和求实的工作作风。实验过程中善于观察、勤动手、多思考，认真做好实验记录，对于实验中出现的各种现象，尤其是异常现象，要有详细的记录，并分析原因。实验过程中保持台面整洁，按步骤、有秩序地开展实验，爱护实验设备和大型仪器。实验结束后，认真分析实验数据，总结实验报告，将实验报告作为永久性的实验记录认真书写。

总而言之，环境化学实验是一门实践性很强、具有理论深度和操作难度的课程，为了更好地理解环境化学的基本原理，必须重视环境化学实验课程的学习。

参考文献

[1] 戴树桂．环境化学 [M].2 版．北京：高等教育出版社，2006.
[2] 徐东耀，许端平．环境化学 [M]. 北京：煤炭工业出版社，2013.
[3] 江桂斌，刘维屏．环境化学前沿 [M]. 北京：科学出版社，2017.
[4] 吴峰．环境化学实验 [M]. 武汉：武汉大学出版社，2014.

第二章

环境污染物基本性质实验

实验1　有机污染物正辛醇-水分配系数的测定

一、实验背景

有机污染物物理化学性质参数的测定一直是环境化学研究的重点和热点课题之一。有机污染物的正辛醇-水分配系数（K_{ow}）是指平衡状态下有机化合物在正辛醇相和水相中的浓度比值，反映了化学物质在水相和有机相间的分配能力，它是衡量有机污染物脂溶性大小、描述有机污染物环境行为的重要理化性质参数。通过对某一污染物 K_{ow} 的测定，可以判断该污染物在环境行为方面诸多重要信息，特别是对有机污染物在环境中的危害性评价方面，K_{ow} 数据是不可或缺的。

同时，K_{ow} 也是定量结构与活性相关（QSAR）研究中最重要的参数之一。有机污染物的环境性质及毒性，如水溶性、毒性、土壤或沉积物的吸附常数、生物浓缩因子等，均与 K_{ow} 密切相关。

目前，测定 K_{ow} 的方法有振荡法、产生柱法和高效液相色谱法。其中，振荡法实验操作简单，是普遍采用的方法。

二、实验目的

（1）掌握 K_{ow} 参数对理解有机污染物环境行为的意义。

（2）掌握振荡法测定 K_{ow} 的原理和方法。

三、实验原理

K_{ow} 是指在平衡状态下，有机污染物在正辛醇相与水相中的浓度比值：

$$K_{ow}=\frac{C_o}{C_w} \tag{2-1}$$

式中 K_{ow}——正辛醇-水分配系数；

C_o，C_w——有机污染物在正辛醇相和水相中的平衡浓度，mg/L。

本实验以对二甲苯为待测物，采用振荡法测定其 K_{ow}。首先使对二甲苯在正辛醇和水的混合相中达到分配平衡，然后进行离心分离，测定水相中对二甲苯的平衡浓度，由此求得 K_{ow}：

$$K_{ow}=\frac{C_o}{C_w}=\frac{C_0V_o-C_wV_w}{C_wV_o} \tag{2-2}$$

式中 C_o，C_w——平衡时对二甲苯在正辛醇相和水相中的平衡浓度，mg/L；

C_0——对二甲苯的初始浓度，mg/L；

V_o，V_w——实验中加入的正辛醇相和水相的体积，L。

四、仪器与试剂

(1) 紫外分光光度计。

(2) 恒温振荡器。

(3) 离心机。

(4) 比色管：10 mL。

(5) 带针头的玻璃注射器：5 mL。

(6) 移液管：1.00 mL。

(7) 容量瓶：10 mL，50 mL。

(8) 对二甲苯：分析纯。

(9) 无水乙醇：分析纯。

(10) 正辛醇：分析纯。

五、实验步骤

1. 对二甲苯标准曲线的绘制

用移液管移取 1.00 mL 对二甲苯于 10 mL 容量瓶中，用无水乙醇稀释至刻线并摇匀。用 1 mL 移液管取该溶液 0.20 mL 于 50 mL 容量瓶中，再用无水乙醇稀释至刻线并摇匀，作为中间溶液。在 5 个 50 mL 容量瓶各加入 2.00 mL、4.00 mL、6.00 mL、8.00 mL 和 10.00 mL 上述对二甲苯的中间溶液，用二次蒸馏水稀释至刻线，摇匀。在紫外分光光度计上于波长 227 nm 处，以水为参比，测定其吸光度。利用所测得的标准系列的吸光度值对浓度作图，绘制标准曲线。

2. 溶剂的预饱和

在测定 K_{ow} 前，将 20 mL 正辛醇和 200 mL 二次蒸馏水在振荡器上振荡 24 h，使其相互饱和，静置分层后，用分液漏斗将两相分离，分别保存备用。

3. 平衡时间的确定及分配系数的测定

(1) 准确移取 0.40 mL 对二甲苯于 10 mL 容量瓶中，用上述处理过的被水饱和的正辛醇稀释至刻线，该溶液浓度为 40.0 mL/L。

(2) 分别移取 1.00 mL 的对二甲苯溶液（40.0 mL/L）于 6 个 10 mL 具塞比色管中，加入被正辛醇饱和的二次蒸馏水至刻线，盖紧塞子，在振荡器上分别振荡 0.5 h、1.0 h、1.5 h、2.0 h、2.5 h 和 3.0 h，取出后以 4000 r/min 离心 10 min，用紫外分光光度计测定水相吸光度。

注意：吸取水样时，为了避免正辛醇的污染，可先利用带针头的 5 mL 玻璃注射器吸入部分空气，当注射器通过正辛醇相时，轻轻排出空气，在水相中吸入适量溶液后，立即抽出注射器，取下注射针头后即可注入石英比色皿中进行测定。

六、数据处理

(1) 根据不同时间水相中对二甲苯的浓度，绘制对二甲苯平衡浓度随时间的变化曲线，由此确定实验所需要的平衡时间。

(2) 利用达到平衡时对二甲苯在水相中的浓度，按式 (2-2) 计算其 K_{ow}。

七、知识拓展

K_{ow} 无量纲，是一种平衡常数，与自由能成对数线性关系。因此，它通常以对数形式出现在定量结构活性相关 QSAR 关系式中。Karickhoff 等和 Chiou 等研究了脂肪烃、芳烃、芳香酸、有机氯和有机磷农药、多氯联苯等化合物的正辛醇-水分配系数与其水溶解度（S_w）之间的关系，建立了如下计算模型：

$$\lg K_{ow} = 5.00 - 0.670\lg(S_w/M \times 10^3) \tag{2-3}$$

K_{ow} 反映了有机污染物在有机相和水相间分配的一种倾向，或者说反映了该污染物的疏水与亲水的一种性质。K_{ow} 的大小主要取决于污染物与正辛醇和水两种溶剂间相互作用力的大小及性质。分子间作用力与辛醇相似的污染物，其 K_{ow} 一般都较大，如壬醇。分子间作用力与水相似的污染物，其 K_{ow} 一般都较小，如甲醇。

需要指出的是，不能把 K_{ow} 理解为有机污染物在正辛醇和水中溶解度的比值。因为在正辛醇-水系统中，正辛醇相已不再是纯的正辛醇，其中溶有少量的水。同样，水相中也溶有少量的正辛醇。研究表明，当两相平衡时，正辛醇相中水的浓度为 2.3 mol/L，水相中正辛醇的浓度为 4.5×10^{-3} mol/L。

八、思考题

（1）有机污染物的正辛醇-水分配系数对其环境化学行为有何影响？

（2）振荡法测定正辛醇-水分配系数有哪些优缺点？

参考文献

[1] 陈红萍，刘永新，梁英华．正辛醇/水分配系数的测定及估算方法［J］．安全与环境学报，2004，4（增刊 1）：82-86.

[2] 董德明，朱利中．环境化学实验［M］．2 版．北京：高等教育出版社，2009.

[3] 何艺兵，赵元慧，王连生，等．有机化合物正辛醇/水分配系数的测定［J］．环境化学，1994，13（3）：195-197.

[4] 刘沐生．对二甲苯正辛醇-水分配系数的测定［J］．光谱实验室，2012，29（6）：3532-3535.

[5] 乔燕．部分芳香烃衍生物的正辛醇/水分配系数测定及估算［D］．天津：天津大学，2007.

实验 2　水中有机污染物挥发速率的测定

一、实验背景

美国环境保护署（EPA）将挥发性有机物（VOCs）定义为除 CO、CO_2、H_2CO_3、金属碳化物、金属碳酸盐和碳酸铵外任何参加大气光化学反应的含碳化合物。VOCs 具有多方面危害性，具体体现在：绝大部分 VOCs 具有刺激性气味，对人体有致癌、致畸、致突变作用，浓度过高时很容易引起急性中毒，轻者会出现头晕、咳嗽、恶心，重者可能会出现昏迷甚至会有生命危险。因此，对 VOCs 的监测分析与控制治理是现代环境保护工作的重点之一。

在自然水体环境中，根据 VOCs 物理化学性质和环境条件的不同，其可发生不同的迁移转化过程，如挥发、微生物降解、光解、水解及吸附。研究显示，自水体挥发进入空气是疏水性有机污染物的主要迁移途径之一。水体中 VOCs 的挥发作用主要是指其由水中的溶解态转变形成气态进入大气的过程。

在自然水体中，因为各种污染物的理化性质以及水文、气温等自然条件的不同，其挥发速率的快慢也会不同。VOCs 的挥发过程一般符合一级动力学方程。挥发速率常数可通过实验测得，其数值大小受温度、污染物理化性质、水体中其他干扰物以及水和水体表面大气的物理性质（如流速、深度和湍流等）影响。测定有机污染物的挥发速率，对研究其在环境中的归趋过程具有重要意义。

描述水中有机污染物挥发过程的理论有双膜理论、C. T. Chiou 挥发速率模式和 D. Mackay 挥发速率模式等多种理论。本实验以 C. T. Chiou 等修正的 Knudsen 方程作为理论依据。

二、实验目的

（1）了解有机污染物挥发速率的主要影响因素。

（2）了解有机污染物从水体迁移进入大气中的挥发过程及其规律。

（3）掌握水中有机污染物挥发速率的测定方法。

三、实验原理

水中有机污染物的挥发过程符合一级动力学方程：

$$-\frac{dC}{dt}=K_V C \tag{2-4}$$

式中 t——挥发时间，s；

K_V——挥发速率常数，s^{-1}；

C——水中有机物的浓度，mol/m^3。

由此，可求得有机污染物的挥发半衰期（$t_{1/2}$）：

$$t_{1/2}=\frac{0.693}{K_V}C \tag{2-5}$$

C. T. Chiou 等提出的有机物挥发速率方程为：

$$Q=\alpha\beta p\left(\frac{M}{2\pi RT}\right)^{\frac{1}{2}} \tag{2-6}$$

式中 Q——单位时间、单位面积的挥发量，$kg/(m^2 \cdot s)$；

α——有机物在该液体表面的浓度与在本体相中浓度的比值，无量纲；

β——与大气压及空气湍流有关的挥发系数，无量纲，表示在一定的空气压力及湍流的情况下，空气对该组分挥发的阻力；

p——在实验温度下有机物的分压，Pa；

M——有机物的摩尔质量，g/mol；

R——摩尔气体常量，8.314 J/（mol·K）；

T——热力学温度，K。

亨利常数的定义：

$$H=\frac{p}{C} \tag{2-7}$$

$$C=\frac{S\times\rho\times 1000}{M} \tag{2-8}$$

由此可以得出：

$$Q=\alpha\beta H\left(\frac{M}{2\pi RT}\right)^{\frac{1}{2}}C=kC \tag{2-9}$$

$$k=\alpha\beta H\left(\frac{M}{2\pi RT}\right)^{\frac{1}{2}} \tag{2-10}$$

式中 H——亨利常数，指一定温度下溶液处于平衡时该物质气体分压与溶于定量液体中的气体量的比值，有机物在气液两相中的迁移方向和速率主要取决于亨利常数的大小，$Pa\cdot m^3/mol$；

C——溶液中有机物的浓度，mol/m^3；

ρ——有机物的密度，g/m^3；

M——有机物的摩尔质量，g/mol；

S——溶解度，无量纲；

k——有机物的传质系数。

如果 L 为溶液在一定截面积的容器中的高度，则传质系数与挥发速率常数的关系如式（2-11）和式（2-12）所示：

$$K_V=\frac{k}{L}=\frac{\alpha\beta H[M/(2\pi RT)]^{1/2}}{L} \tag{2-11}$$

$$\alpha=\frac{0.693L}{t_{1/2}\beta H[M/(2\pi RT)]^{1/2}} \tag{2-12}$$

因此，只要求得某种有机物的传质系数 k 就能求得挥发速率常数 K_V。具体来说，就是得到 α 和 β 的数值。

对于纯物质的挥发，不存在浓度梯度，所以 $\alpha=1$，$p=p^0$（p^0 为纯物质的饱和蒸气压）。此时，$Q=\beta p^0\ [M/(2\pi RT)]^{1/2}$。因此，可以从纯物质的挥发损失确定出各种有机污染物的β值。其中，真空中，$\beta=1$；空气中，由于受空气阻力的影响，$\beta<1$。

在稀溶液情况下，重点在于求得α的数值（β值与纯物质相同）。当溶质的挥发性较弱时，$\alpha=1$；当溶质的挥发性较强时，待测物在液体表面的浓度与在本体相中浓度相差较大，$\alpha<1$。根据$Q=\alpha\beta H\ [M/(2\pi RT)]^{1/2}C$，利用从纯物质的测定中获得的$\beta$值和此时测得的$Q$值及$H$值，即可求得$\alpha$值。

四、仪器与试剂

（1）紫外可见分光光度计。

（2）分析天平。

（3）不锈钢盘：直径 12 mm、高 10 mm。

（4）玻璃培养皿：直径 20 mm。

（5）容量瓶：5 mL，10 mL，250 mL。

（6）苯：分析纯。

（7）甲苯：分析纯。

（8）甲醇：分析纯。

五、实验步骤

1. 测定纯物质挥发速率

样品容器为不锈钢盘，分别加入 2 mL 待测有机污染物（苯、甲苯）。将容器置于分析天平中，打开天平两边门，以避免有机污染物蒸气饱和。每 30 s 读取质量一次，共测 10 次。同时，计算容器的截面积，记录实验室内温度、湿度。

注意：测定尽量在温度和湿度较为稳定的室内进行，若室内环境温度和相对湿度波动较大，应关闭天平的门，并在较短的时间间隔内完成测定。

2. 测定溶液中有机物挥发速率

（1）储备液的配制：取 2 个 10 mL 的容量瓶，分别准确称取 0.1 g（称取时需记录准确质量）苯和甲苯放入准备好的容量瓶中，用甲醇稀释至刻度线，得到浓度均为 10 mg/mL 的两种溶液。

（2）中间液的配制：取上述储备液各 5.00 mL，置于 2 个 250 mL 的容量瓶中，用水稀释至刻度线，得到浓度均为 200 mg/L 的两种污染物的水溶液。

(3) 标准曲线的绘制：分别取 0.00 mL、0.25 mL、0.50 mL、1.00 mL、1.50 mL 和 2.00 mL 苯的中间液于 10 mL 容量瓶内，用水稀释至刻度线，得到浓度分别为 0.00 mg/mL、5.00 mg/mL、10.00 mg/mL、20.00 mg/mL、30.00 mg/mL 和 40.00 mg/mL 待测物混合液。以水作参比，将这些溶液用紫外分光光度计于波长为 205 nm 处测定吸光度。以浓度为横坐标，吸光度为纵坐标，绘制苯的标准曲线。按同样的方法绘制甲苯的标准曲线（波长：205 nm）。

(4) 样品的测定：将剩余的苯和甲苯的中间液分别倒入 2 个玻璃培养皿内，测量溶液高度及玻璃培养皿的直径，计算其表面积。静置使待测物自然挥发，每隔 10 min 取样一次，共取 10 次，每次取 0.50 mL，用水稀释定容至 5 mL 容量瓶中，测定其吸光度。实验过程中记录温度。

六、数据处理

1. 计算纯物质的挥发量（Q）

根据纯物质的挥发损失量（W）和挥发容器的面积（A）及挥发时间（t），求出 Q 值，$Q=W/(At)$。

2. 计算亨利常数（H）

根据表 2-1～表 2-4，绘制苯、甲苯的蒸气压-温度及溶解度-温度关系曲线，用内插法求出其在实验温度下的蒸气压（p）和溶解度（S），由式（2-7）和式（2-8）计算亨利常数 H。

表 2-1 不同温度下苯的蒸气压

T/℃	0	10	20	30	40	50	60	65	73
p/（×133.22Pa）	26	46	76	122	184	273	394	463	600

表 2-2 不同温度下甲苯的蒸气压

T/℃	0	20	45	50	60	70	80	100
p/（×133.22Pa）	6.5	22	56	93.5	141.5	203	292.5	588

表 2-3 不同温度下苯的溶解度

T/℃	5.4	10	20	30	40	50	60	70
S/%	0.0335	0.041	0.057	0.082	0.114	0.155	0.205	0.270

表 2-4　不同温度下甲苯的溶解度

T/℃	0	10	20	25	30	40	50
S/%	0.027	0.035	0.045	0.050	0.057	0.075	0.10

3. 计算 β 值

对于纯物质，$\alpha=1$，将以上计算得到的 Q 代入式（2-6），计算得到 β 值。

4. 计算半衰期（$t_{1/2}$）

根据标准曲线计算得出苯、甲苯在不同时间的浓度，绘制 lg（C_0/C_t）-t 关系曲线，根据曲线的斜率（b）得出，$t_{1/2}=0.693b$。

5. 计算 α 值

根据前面计算得到的 β、H、$t_{1/2}$ 及测试样品高度 L，利用式（2-12）即可计算出苯和甲苯的 α 值。

6. 计算挥发速率常数（K_V）

由式（2-10）计算得出传质系数 k，再由 $K_V=k/L$ 计算得出苯和甲苯的挥发速率常数。

七、知识拓展

根据世界卫生组织（WHO）的定义，VOCs 是在常温下，沸点 50～260 ℃的各种有机化合物。在我国，VOCs 是指常温下饱和蒸气压大于 70 Pa、常压下沸点在 260 ℃以下的有机化合物，或在 20 ℃条件下，蒸气压大于或者等于 10 Pa 且具有挥发性的全部有机化合物。

VOCs 通常包括甲烷、非甲烷碳氢化合物、含氧有机化合物、卤代烃、含氮有机化合物、含硫有机化合物等几大类。大多数 VOCs 具有令人不适的特殊气味，部分具有毒性、刺激性、致畸性和致癌作用，特别是苯、甲苯及甲醛等会对人体健康造成较大的伤害。

VOCs 是导致城市灰霾和光化学烟雾的重要前体物，主要来源于煤化工、石油化工、燃料、涂料制造、溶剂制造与使用等过程。VOCs 参与大气环境中臭氧和二次气溶胶的形成，其对区域性大气臭氧污染、$PM_{2.5}$ 污染等均具有重要影响。

八、思考题

(1) 通过实验结果，比较苯和甲苯的挥发速率的大小并尝试说明原因。

(2) 在自然水体中，影响挥发过程的因素有哪些？本实验中考虑了哪些因素？

(3) 查阅文献，除本实验方法外，还可以用哪些方法估算挥发速率常数？

参考文献

[1] 董德明，朱利中．环境化学实验［M］.2版．北京：高等教育出版社，2009.

[2] 韩彩云，赵欣，单艳红，等．我国大气VOCs的监测技术和污染特征研究进展［J］. 生态与农村环境学报，2018，34（2）：114-123.

[3] 康春莉，徐自立，马小凡．环境化学实验［M］. 长春：吉林大学出版社，2000.

[4] 刘妙丽．水中苯和甲苯挥发速率的研究［J］. 四川师范大学学报（自然科学版），2007，30（5）：660-662.

实验3 EPI Suite在有机污染物理化性质与环境行为参数预测中的应用

一、实验背景

EPI（estimation programs interface）Suite是由美国环境保护署（EPA）与美国SRC公司（Syracuse Research Corporation）联合开发的软件，是基于Windows®的物理/化学特性和环境归宿估计程序套件。EPI Suite为QSAR（quantitative structure-activity relationship）预测软件，整合了14个QSAR模型，使预测有机污染物的理化性质与生态毒性在一个更加便利的界面上进行。这些模型包括DermWin［用于估计皮肤渗透系数（K_p）］、K_{ow}Win（用于预测$\lg K_{ow}$）、AopWin（用于预测气体反应速率）、WsK_{ow}（用于估算水溶性和辛醇-水分配系数K_{ow}）、HenryWin（用于预测亨利常数）、Hydro（用于估算特定有机物类别的水解速率常数）、MPBPVP（用于预测熔点、沸点、蒸气压）、ECOSAR（用于估算生物毒性）、BCFWin（用于估算生物浓缩系数）。

EPI Suite 还引入了 Mackay 开发的Ⅲ级逸度模型来预测物质在不同环境介质中的分配，这些数据对于辨别化学物质是否会在环境中持久存在或在生物体内富集都是非常重要的。在使用 EPI Suite 之前，用户应首先确定是否可以从文献中获得任何合适的数据（例如 Merck Index、Beilstein）。这是由包含在 EPI Suite™ 软件中的超过 40000 种化学品（称为 PHYSPROP ©）的数据库支撑的。

EPI Suite 有在 Windows、Unix、Linux 等不同操作系统运行的版本，本实验的操作是在 Windows 界面下完成的。EPI Suite 的安装很简单，且所占空间很小，约为 80MB，可以在美国 EPA 网站下载软件然后根据提示进行安装。EPI Suite 使用 SMILES（simplified molecular input line entry specification），即简化分子线性输入规范作为输入语言，是一种用 ASCII 字符串明确描述分子结构的规范。SMILES 字符串可以被大多数分子编辑软件导入并转换成二维图形或分子的三维模型。其运行界面如图 2-1 所示，输入化学物质，如环丙沙星的 SMILES 编码，点击 Calculate 可以查询出其对应的化学结构以及其他基本信息。

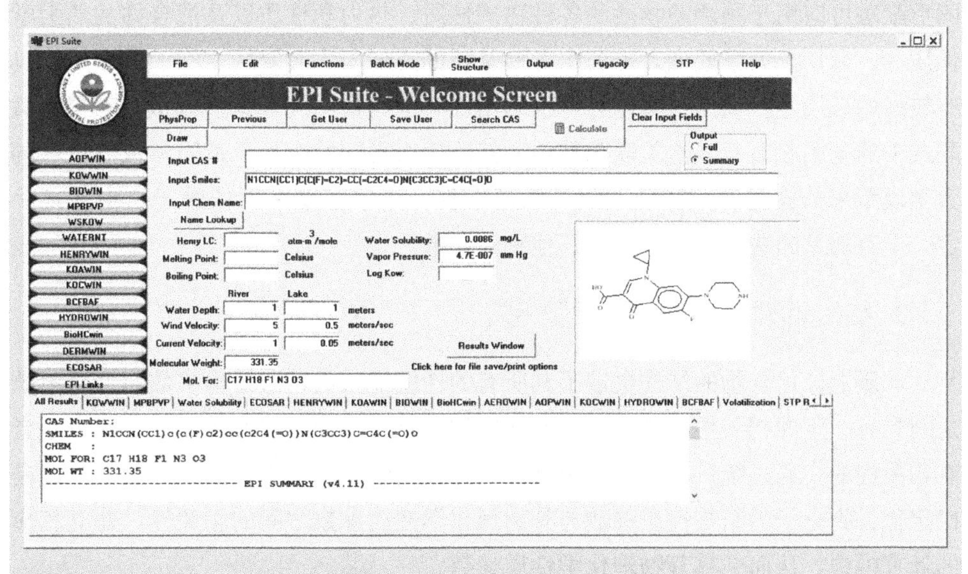

图 2-1　EPI Suite 的运行界面

使用 EPI Suite 软件计算出的仅代表估算值，并不是准确值，可进行参考，若与实际实验值不一致应以实验值为准。

二、实验目的

（1）掌握 EPI Suite 的基本使用方法。

（2）采用 EPI Suite 中的组件逸度模型（Level Ⅲ）估测环丙沙星及其主要代谢产物在空气、水、土壤沉积物中的分布情况，从而了解其环境行为，学会对 EPI Suite 输出结果的解读和应用。

（3）了解由分子结构推断 SMILES 编码的方法。

三、实验原理

1. 基团贡献法（碎片贡献法）

基团贡献法（group contribution method）或称碎片贡献法（fragments contribution method），即指分子的某一性质等于组成该分子的各个结构单元的元贡献之和，而这些元贡献在不同分子中保持同值。基团贡献法是一种近似计算法，它假定在任何体系中，同一种基团对某个物理化学性质的贡献值都是相同的。基团贡献法可应用于预测纯物质的各种物理性质、热力学性质以及混合物的热力学性质等，运用热力学原理，推演出各种基团的贡献与物质物性之间的关联式，具有较好的通用性。其用法具体为：①利用已有的大量实测数据进行拟合，得到关联式中的基团参数及其他关联常数；②然后用所得到的有限个基团参数与关联的数学模型来估算大量纯物质及混合物的物性。一些基团法不依赖于任何其他物性，但有的基团法关系式中需要其他物性参数。

2. 结构-活性相关与性质-性质相关

本质上，化合物的结构决定了其所有的性质或活性，即结构参数与性质参数之间具有一定的相关性。基于这个基本原理，化合物的不同性质参数之间也是具有相关性的。通过统计分析，确定化合物物理化学性质参数之间的相关性，或是确定化合物分子的结构性质参数与其物理化学性质参数之间的相关性，建立相应的计算模型，从而估算其物理化学性质参数。

3. SMILES 编码规律

（1）原子。原子用它们的原子符号表示，这是 SMILES 中唯一需要使用的字母，每个非氢原子由括在方括号 [] 中的原子符号独立指定；C、N、O、P、S、F、Cl、Br 和 I，如果连接的氢原子数量和原子的最低正化合价相同，则 [] 可以省略；双字符符号的第二个字母必须以小写字母输入；芳香环中的原子由小写字母表示，脂肪族中碳由大写字母 C 表示，芳族碳由小写字母 c 表示；在括号内，必须始终指定连接的氢原子数量和原子当前的化合价。氢的数量用符号 H 表示，后跟可选数字。类似地，化合价由符号＋或－表示，后跟可选数字。如果未指定，则对于括号内的原子，就假定连接的氢和电荷的数量为零。

（2）键。单键、双键、三键和芳香键分别用符号—、＝、＃和:表示；假设相邻原子通过单键或芳香键相互连接，可以总是省略单键和芳香键；对于线性结构，SMILES 和传统的图解符号相比，只是省略了 H 和单键。

（3）分支。带有分支的原子写在左侧，通过 [] 指定，可以堆叠，分支上的元素写在右侧。

（4）闭环。通过在每个环中断开一个键来表示环状结构。该键以任何顺序编号，每个闭环紧跟原子符号后用数字表示开环（或闭环）键。这就让一个连接起来的非循环图使用上述三个规则写为非循环结构。

（5）断开结构。断开的化合物被写成由“·”分隔的单独结构，列出离子或配体的顺序是任意的；如果需要，可以将一种离子的 SMILES 嵌入另一种离子中。由点“·”分隔的相邻原子意味着原子彼此不键合。

四、仪器与试剂

（1）PC 电脑（Windows XP 以上系统）。

（2）EPI Suite（2012 年）4.11 版。

五、实验步骤

（1）安装 EPI Suite，了解其界面及基本使用方法。

（2）有条件情况下，可以通过 Chemoffice 软件中的 ChemDraw 组件，利用输入化合物名称得到化合物分子结构的方法，或者直接绘制的方法，获得环丙沙星的分子结构与 SMILES 编码；没有条件的情况下，可以根据 SMILES 编码规律直接编写。

（3）将获得的 SMILES 编码分别输入 EPI Suite 的相应模块中并对其环境参数进行分别估算，或直接使用 EPI Suite 集成模块进行所有参数的估算。

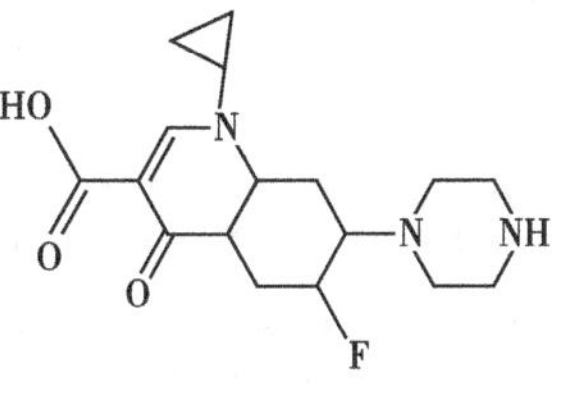

图 2-2 环丙沙星的分子结构图

（4）以环丙沙星为例，其利用 SMILES 编码输入后得到的分子结构如图 2-2 所示；采用碎

片法估算其 K_{ow} 的结果如图 2-3 所示；采用性质-性质相关分析得到的 BCF 和 K_{oc} 的估算数据分别如图 2-4 和图 2-5 所示。

```
Log Kow(version 1.68 estimate): -0.00

Experimental Database Structure Match:
  Name     :  CIPROFLOXACIN
  CAS Num  :  085721-33-1
  Exp Log P:  0.28
  Exp Ref  :  TAKACS-NOVAK,K ET AL. (1992)

SMILES : N1CCN(CC1)c(c(F)c2)cc(c2C4(=O))N(C3CC3)C=C4C(=O)O
CHEM   :
MOL FOR: C17 H18 F1 N3 O3
MOL WT : 331.35
-------+-----+--------------------------------------------+---------+--------
 TYPE  | NUM |        LOGKOW FRAGMENT DESCRIPTION         |  COEFF  |  VALUE
-------+-----+--------------------------------------------+---------+--------
 Frag  |  6  |  -CH2-    [aliphatic carbon]               | 0.4911  |  2.9466
 Frag  |  1  |  -CH      [aliphatic carbon]               | 0.3614  |  0.3614
 Frag  |  2  |  =CH- or =C<  [olefinc carbon]             | 0.3836  |  0.7672
 Frag  |  1  |  -NH-     [aliphatic attach]               |-1.4962  | -1.4962
 Frag  |  6  |  Aromatic Carbon                           | 0.2940  |  1.7640
 Frag  |  2  |  -N    [aliphatic N, one aromatic attach]  |-0.9170  | -1.8340
 Frag  |  1  |  -COOH    [acid, aliphatic attach]         |-0.6895  | -0.6895
 Frag  |  1  |  -F       [fluorine, aromatic attach]      | 0.2004  |  0.2004
 Frag  |  1  |  Ketone in a ring [olefin, aromatic attach]|-0.5497  | -0.5497
 Factor|  1  |  Amino acid (olefin; non-alpha carbon type)|-1.7000  | -1.7000
 Const |     |  Equation Constant                         |         |  0.2290
-------+-----+--------------------------------------------+---------+--------
 NOTE  |     |  Zwitterionic calculation made for all Amino Acids   |
-------+-----+--------------------------------------------+---------+--------
                                                     Log Kow   =   -0.0008
```

图 2-3　环丙沙星的 K_{ow} 估算数据

```
SMILES : N1CCN(CC1)c(c(F)c2)cc(c2C4(=O))N(C3CC3)C=C4C(=O)O
CHEM   :
MOL FOR: C17 H18 F1 N3 O3
MOL WT : 331.35
------------------------------ BCFBAF v3.01 ------------------------------
Summary Results:
  Log BCF (regression-based estimate):  0.50  (BCF = 3.16 L/kg wet-wt)
  Biotransformation Half-Life (days) :  0.0203  (normalized to 10 g fish)
  Log BAF (Arnot-Gobas upper trophic):  -0.01  (BAF = 0.983 L/kg wet-wt)

=============================
BCF (Bioconcentration Factor):
=============================
Log Kow  (estimated)  :  -0.00
Log Kow (experimental):  0.28
Log Kow used by BCF estimates:  0.28

Equation Used to Make BCF estimate:
   Log BCF = 0.50 (Ionic; Log Kow dependent)
```

图 2-4　环丙沙星的 BCF 估算数据

```
SMILES : N1CCN(CC1)c(c(F)c2)cc(c2C4(=O))N(C3CC3)C=C4C(=O)O
CHEM   :
MOL FOR: C17 H18 F1 N3 O3
                 Koc may be sensitive to pH!
--------------------------- KOCWIN v2.00 Results -------------------------

  Koc Estimate from MCI:
  ---------------------
         First Order Molecular Connectivity Index  ........... : 11.559
         Non-Corrected Log Koc (0.5213 MCI + 0.60)  .......... :  6.6253
         Fragment Correction(s):
                  2   Nitrogen to non-fused aromatic ring ...  : -1.0450
                  5   Nitrogen to Carbon (aliphatic) (-N-C)..  : -1.0637
                  1   Nitrogen-to-Cycloalkane (aliphatic) ...  : -0.8616
                  *   Organic Acid  (-CO-OH)  ...............  : -1.6249
                  1   Ketone  (-C-CO-C-)  ...................  : -1.1290
         Corrected Log Koc  .................................. :  0.9011
         Over Correction Adjustment to Lower Limit Log Koc ... :  1.0000

                         Estimated Koc:  10  L/kg   <===========

  Koc Estimate from Log Kow:
  -------------------------
         Log Kow  (experimental DB)  ......................... :  0.28
         Non-Corrected Log Koc (0.55313 logKow + 0.9251)  .... :  1.0800
         Fragment Correction(s):
                  2   Nitrogen to non-fused aromatic ring ...  : -0.0432
                  5   Nitrogen to Carbon (aliphatic) (-N-C)..  : -0.1089
                  1   Nitrogen-to-Cycloalkane (aliphatic) ...  : -0.3576
                  *   Organic Acid  (-CO-OH)  ...............  : -0.7694
                  1   Ketone  (-C-CO-C-)  ...................  :  0.1956
         Corrected Log Koc  .................................. : -0.0035

                         Estimated Koc:  0.9919  L/kg   <===========
```

图 2-5 环丙沙星的 K_{oc} 估算数据

六、数据处理

（1）估算环丙沙星及其代谢产物的主要环境参数，并预测环丙沙星及其代谢产物的归趋规律。

（2）采用 EPI Suite 中的组件逸度模型（Level Ⅲ）估测环丙沙星及其主要代谢产物环境分布并说明环丙沙星及其代谢产物的环境存在特点及其意义。

七、知识拓展

EPI Suite 用于毒性估算时其适用的范围是无机物、有机金属、高聚物、染料和表面活性剂。EPI Suite 还可用于筛选特定的化合物。

EPI Suite 是一类针对生态毒性建立的 QSAR 预测软件，除 EPI Suite 之外，还有DEREK、TOPKAT等。DEREK系统是由英国Lhase有限公司开发并推广。它是根据化学反应、毒性预测、毒性结构关系知识、反应和新陈代谢机理等设计的一款毒性预测数据库系统。DEREK系统包括专业数据系统和数据库管理系统两部分，有超过504个涵盖范围广泛的毒理学终点预警。每个终点预警由一个特征毒性基团和相关的参考文献、评论等组成。其预测的主要优势在于致畸性、致癌性、皮肤致敏等领域。TOPKAT是以分析大量由文献资料中获得的毒理学信息为基础，估算出预测化合物毒性的软件。它通过化合物的二维结构信息及QSAR模型，使用最佳预测空间（optimum prediction space，OPS），对各类有机化合物的毒理性质进行估算。TOPKAT的QSAR模型是通过回归分析的连续终点和判别式分析的分类数据发展而来。预测终点包括眼刺激、啮齿动物的致癌性、大鼠急性经口毒性等。

八、思考题

（1）举例说明EPI Suite软件在环境化学研究中的应用。

（2）说明模型估算环境化学参数的优缺点以及应用中需要注意的问题。

参考文献

[1] 黄俊，余刚，张彭义．中国持久性有机污染物嫌疑物质的计算机辅助筛选研究［J］．环境污染与防治，2003，25（1）：16-19.

[2] 吴峰．环境化学实验［M］．武汉：武汉大学出版社，2014.

第三章 环境介质特征实验

实验1　土壤/沉积物中腐殖质的提取与分级

一、实验背景

土壤腐殖质是土壤有机质的主要组成部分（约占50%～65%），一般为黑色或暗棕色。它是通过微生物作用，在土壤中合成的一类结构比较复杂、性质较稳定的高分子有机化合物，主要由碳、氢、氧、氮、硫、磷等营养元素组成。腐殖质不是单一的化合物，其中以富里酸（黄腐酸）、腐殖酸（胡敏酸、褐腐酸）和胡敏素（黑腐素）三个组成部分最为重要。在不同土壤中，腐殖质的组成和性状有较明显的差异，对土壤理化性质和肥力特征有很大的影响。

富里酸（FA）属于腐殖质的一种，别名为黄腐酸，是土壤腐殖质的组成成分之一。颜色较浅，多呈黄色。FA主要由碳、氢、氧和氮等元素构成，碳氢比值较低，分子式为$C_{14}H_{12}O_8$。FA溶解能力强，流动性好，对某些土壤的淋溶和沉积起很大作用，可以改善土壤环境。FA特性为低分子量和高生物活性。由于低分子量特性，它能很好地粘贴及融合矿物质元素到它的分子结构中，拥有很好的溶解性和流动性。

腐殖酸（HA），由芳香核和脂肪族侧链组成，含有羧基、羟基、酮基、醌基等活性官能团，具有较大的吸附表面积，是存在于土壤环境中的一类重要的非均质有机物。HA容易与有机污染物发生相互作用，影响环境中有机污染物的毒性、生物降解、迁移转化。提取土壤中的HA，对分析HA理化性质和明确HA环境作用，具有重要的意义。

目前，由于缺乏简便的原位分析手段，对土壤腐殖质进行综合研究之前，需要先进行腐殖质的提取、纯化和分级。提取方法包括有机溶剂提取、无机溶剂提取和有机/无机溶剂混合提取等。

在过去几十年中，国际腐殖质协会（IHSS）在建立土壤、沉积物和水环境中腐殖质分离的标准方法上做出了大的努力。IHSS 推荐的 NaOH 提取法能将土壤及沉积物中活性有机质较为完全地提取出来，从而可以更加全面地表征土壤活性有机质的特性。该方法对大多数类型的土壤都适用，可作为一种在实验室内和实验室之间相互比对的标准方法。此后，通过联合树脂进行纯化，以获得全面的、高纯度的腐殖酸及富里酸。

二、实验目的

（1）掌握土壤/沉积物中腐殖酸和富里酸的提取分离及纯化方法。

（2）了解利用红外光谱、紫外光谱、三维荧光光谱等手段对提取的腐殖酸和富里酸进行表征。

（3）了解在土壤/沉积物腐殖质中腐殖酸和富里酸的环境化学意义。

三、实验原理

腐殖酸本身不溶于水，它的钾、钠、铵等一价盐则溶于水，而钙、镁、铁、铝等多价离子盐类的溶解度大大降低，腐殖酸及其盐类通常呈棕色至黑色。富里酸水溶性较好，且呈溶胶状态，强酸性，其一价及二价金属离子盐均溶于水；富里酸能与铁、铜、锌、铝等形成配合物，在中性和碱性条件下则产生沉淀。

采用 NaOH 法提取腐殖质，Na^+ 能够取代腐殖质负电点位上的多价离子（如 Ca^{2+}、Mg^{2+}、Fe^{3+}、Al^{3+}），高 pH 值促使腐殖质的很多酸性官能团解离，从而大大改变腐殖质的溶解状态，同时多价金属阳离子与 OH^- 结合生成不溶性氢氧化物沉淀而被除去，剩余为易溶于水的腐殖质钠盐，从而比较完全地将腐殖质提取到溶液中来。

四、仪器与试剂

(1) 真空干燥箱。

(2) 冷冻干燥机。

(3) 蠕动泵。

(4) 玻璃层析柱：10 mm×10 mm，30 mm×30 mm。

(5) 摇床。

（6）紫外可见光分光光度计。

（7）石英比色皿。

（8）玛瑙研钵。

（9）低速离心机。

（10）pH 计。

（11）XAD-8 大孔树脂。

（12）索氏提取器。

（13）HCl 溶液（1 mol/L）：准确量取 84 mL 优级纯的浓 HCl 置于 1000 mL 容量瓶中，用超纯水稀释至刻度。

（14）HCl 溶液（0.1 mol/L）：准确量取 8.4 mL 优级纯的浓 HCl 置于 1000 mL 容量瓶中，用超纯水稀释至刻度。

（15）NaOH 溶液（1 mol/L）：称取 40 g 分析纯的 NaOH 固体，将其用一定量的超纯水溶于小烧杯中，冷却至室温后，转移至 1000 mL 烧杯中，稀释至刻度。

（16）HCl（0.1 mol/L）和 HF（0.3 mol/L）的混合溶液：分别准确量取 2.1 mL 浓 HCl 和 3.3 mL 浓 HF 置于小烧杯中，用少量超纯水稀释混合，然后转移至 250 mL 容量瓶中，稀释至刻度。将配制好的混合溶液置于聚乙烯瓶中密封保存。

（17）$AgNO_3$ 溶液（1 mol/L）：称取 1.7 g 分析纯的 $AgNO_3$ 溶于 10 mL 水中，混合均匀后贮于棕色瓶内备用。

（18）透析袋。

五、实验步骤

1. 样品预处理

首先将采集的土壤/沉积物进行冷冻干燥，将干燥后样品中的树根及石子去除，并通过 10 目（1.651 mm）标准筛。

2. 腐殖酸和富里酸提取

（1）前处理过程。

在室温下，称取 5 g 干燥的土壤/沉积物样品，向样品中加入 25 mL 超纯水，使固液质量比为 1∶5，并用 HCl 溶液（1.0 mol/L）调节至 pH=1，然后向固液混合物中加入 HCl 溶液（0.1 mol/L），使最终固液比为 1 g 干燥样品/10mL 液体，置于摇床连续振荡 1 h，利用低速离心机（转速：5000 r/min）离心 10 min，分离上清液和固体，并将沉淀物用超纯水清洗（时间充足应重复离心、清洗至中性或弱酸性，以排除土壤中易溶于酸的杂质和 Fe 等对后续实验的干扰），保存上清液Ⅰ（富里酸提取物①）和酸洗样品。

(2) 碱溶过程。

腐殖酸在中性和碱性条件下易被溶解氧氧化进而改变其本身性质。首先，向完成前处理后的酸洗土壤/沉积物样品中通 15 min 以上氮气以去除溶解氧。然后，向混合物中持续通入氮气，在氮气的保护下，加入一定量 NaOH 溶液（1.0 mol/L）和残余的 HCl，使固液混合物的 pH=7（如若在前处理过程中已经调节沉淀物 pH=7 则可省略此步骤），然后加 NaOH 溶液（0.1 mol/L），使最终溶液中固液比为 1∶10（1 g 干燥样品/10 mL 液体）。固液混合物在隔绝空气的条件下置于摇床上连续振荡 4 h，在此期间通入氮气 3 次，每次 15 min，以排除溶解氧的影响。将碱性悬浮液放置过夜，之后利用低速离心机（转速：15000 r/min）离心 15～20 min，保证沉淀物与上浮物完全分离，得上清液Ⅱ，丢弃残渣（残渣主要为不溶于碱的腐黑物等）。

(3) 酸析过程。

在氮气的保护下，将上清液Ⅱ收集到一个洁净的烧杯中，向烧杯中加入一定量的 HCl 溶液（6 mol/L）使溶液 pH=1.0，磁力搅拌 30 min 后，静置 12～16 h，使富里酸和腐殖酸充分分离，随后利用低速离心机（转速：5000 r/min）离心 10 min，分离得上清液Ⅲ（富里酸提取物②），沉淀为腐殖酸。

3. 腐殖酸纯化

(1) 在氮气的保护下，将腐殖酸沉淀溶于尽量小体积的 NaOH 溶液（0.1 mol/L）中，即缓慢加入 NaOH 溶液（0.1 mol/L），边加边搅拌使其完全溶解后立即停止，记录所消耗 NaOH 溶液的体积，之后加入 NaCl 固体，使溶液中 Na^+ 的浓度为 0.3 mol/L，静置 4 h 后在 3000 r/min 转速下离心 15 min，弃去下层沉淀，上层清液用 HCl 溶液（6 mol/L）调节 pH=1，70 ℃恒温 1 h，再于 3000 r/min 转速下离心 15 min，弃去上层清液，沉淀即为无杂酸的腐殖酸。

(2) 向沉淀中加入 HCl（0.1 mol/L）和 HF（0.3 mol/L）混合液，使固液比为 1∶20（1 g 干燥样品/20 mL 液体），振荡，放置过夜，离心分离，得沉淀。重复此步骤 2～3 次，即得无硅腐殖酸。

(3) 向无硅腐殖酸中加入超纯水，使其变为泥状后转至透析袋中，透析

48～72 h，其间更换 2～3 次透析溶液。采用 $AgNO_3$ 溶液检测透析袋外的溶液中是否含有氯离子。如有氯化银沉淀出现，则继续更换透析袋外的超纯水，搅拌 24 h 后，再次测定，直至氯离子不被检出为止。

(4) 将透析袋中泥状腐殖酸转至烧杯中，然后置于真空干燥箱中，在 40 ℃ 条件下干燥 6 h 后得到的固体粉末即为纯化后的腐殖酸，称重并记录结果。

4. 富里酸纯化

(1) 将 XAD-8 大孔树脂用 NaOH 溶液（0.1 mol/L）浸洗，令所提取的富里酸溶液以 1 mL/min 的流速通过 XAD-8 大孔树脂，并在索氏提取器中用体积比为 1∶1 的丙酮和正己烷混合溶液提取洗涤 24 h，最后储存于体积比为 1∶1 的甲醇和水的混合液中。依次用 65%柱体积的超纯水、1 倍柱体积的 NaOH 溶液（0.1 mol/L）、1 L HCl 溶液（0.1 mol/L）交替淋洗 2～3 次，用去离子水淋洗至 pH=7。

(2) 将上清液Ⅰ以每小时 15 倍柱体积的流速通过 XAD-8 大孔树脂，树脂体积为 0.75 mL（1 g 初始干土壤/沉积物对应 0.15 mL 树脂），丢弃出水。依次使用 65%柱体积的超纯水、1 倍柱体积的 NaOH 溶液（0.1 mol/L）、2～3 倍柱体积的超纯水洗脱吸附于树脂上的富里酸组分，收集淋洗液，随后立即用 HCl 溶液（6 mol/L）将溶液酸化至 pH=1，加入浓 HF 溶液，使体系中 HF 的最终浓度为 0.5 mol/L，使富里酸全部溶解，得富里酸 A。

(3) 将上清液Ⅲ通过 XAD-8 大孔树脂，树脂体积为 15 mL（1 g 土壤/沉积物样品对应 2.0～3.0 mL 树脂），淋洗速度为每小时 15 柱体积，依其颜色确定出水是否需要收集（若基本无色则不需要收集，若出水颜色较深则需要收集），待上清液Ⅲ全部通过树脂后，丢弃出水。依次使用 65%柱体积的超纯水、1 倍柱体积的 NaOH 溶液（0.1 mol/L）、3～4 倍柱体积的超纯水洗脱吸附于树脂上的富里酸组分，收集淋洗液。立即用 HCl 溶液（6 mol/L）将溶液酸化至 pH=1，加入浓 HF 溶液，使体系中氢氟酸的最终浓度为 0.5 mol/L，得富里酸 B。

注意：若上清液Ⅲ通过 XAD-8 大孔树脂后出水颜色较深，则需将上清液Ⅲ的出水再次通过 XAD-8 大孔树脂，1 g 土壤/沉积物样品对应 1.0～2.0 mL 树脂，按处理富里酸 A 的步骤来进行洗涤和酸化，得富里酸 C。

(4) 将富里酸 A 和 B 或富里酸 A、B 和 C 淋洗液收集混合，将其通过 XAD-8 大孔树脂，吸附柱体积为样品体积的 1/5，采用 65%柱体积的超纯水淋洗树脂，用 1 倍柱体积的 NaOH 溶液（0.1 mol/L）淋洗树脂，再用 2 倍柱体积的超纯水漂洗，将淋洗液通过 732 强酸苯乙烯阳离子交换树脂（树脂中 Na^+ 含量为溶液中的2～3倍)，收集出液，冷冻干燥提取物即可得到纯化后的富里酸，称重并记录结果。

六、数据处理

根据测定结果计算所处理的土壤/沉积物中的腐殖酸、富里酸的含量水平，并分析不同土壤/沉积物之间的差异。

七、知识拓展

腐殖质具有重要的环境和其他意义。第一，腐殖质是作物养分的主要来源。腐殖质既含有氮、磷、钾、疏、钙等大量元素，还有微量元素，经微生物分解可以释放出来供作物吸收利用。第二，腐殖质可以增强土壤的吸水、保肥能力。腐殖质是一种有机胶体，吸水保肥能力很强，一般黏粒的吸水率为50%～60%，而腐殖质的吸水率高达400%～600%；保肥能力是一般黏粒的6～10倍。第三，腐殖质可以改良土壤物理性质。腐殖质是形成团粒结构的良好胶结剂，可以提高黏重土壤的疏松度和通气性，改变砂土的松散状态。同时，由于它的颜色较深，有利于吸收阳光，提高土壤温度。第四，促进土壤微生物的活动。腐殖质为微生物活动提供了丰富的养分和能量，又能调节土壤酸碱性，因而有利微生物活动，促进土壤养分的转化。第五，腐殖质还可以刺激作物生长发育。有机质在分解过程中产生的腐殖酸、有机酸、维生素及一些激素，对作物生长发育有良好的促进作用，可以增强呼吸和对养分的吸收，促进细胞分裂，从而加速根系和地上部分的生长。

八、思考题

(1) 环境中的腐殖质对重金属污染的迁移转化起什么作用？

(2) 腐殖酸和富里酸在外观上有何区别？

(3) 通过本实验，请简述各种腐殖质及其盐类对植物生长的影响。

参考文献

[1] Stevenson F J. Humus Chemistry [M]. 2nd Ed. New York: Wiley, 1994.

[2] 李学垣．土壤化学 [M]. 北京：高等教育出版社，2001.

[3] 毛静春．中国干旱半干旱草原地区土壤中腐殖质的提取与表征研究 [D]. 哈尔滨：哈尔滨工业大学，2015.

[4] 曲风臣．土壤腐殖酸分级、表征及其光化学作用研究 [D]. 大连：大连理工大学，2006.

[5] 王志康，王雅洁．环境化学实验 [M]. 北京：冶金工业出版社，2018.

实验 2 土壤阳离子交换量的测定

一、实验背景

土壤是重金属类污染的主要介质，土壤胶体的吸附性和离子交换性能是影响重金属离子迁移转化的重要性质。土壤阳离子交换量是生态地球化学评价及环境监测任务中一项重要的衡量指标。土壤阳离子交换量（CEC）是指土壤胶体所能吸附各种阳离子的总量，其数值以每百克土壤中含有交换性阳离子当量数来表示，即 mol/kg。阳离子交换量值的高低，基本上代表了土壤可能保持的养分含量，即保肥水平的高低，可以作为评价土壤保肥能力的指标。污染物在土壤表面的吸附能力和离子交换能力又与土壤的组成、结构等有关，因此，对土壤性能的测定，有助于了解土壤对污染物质的净化能力及对污染负荷的环境容量。

土壤阳离子交换量的主要影响因素有以下四点。①土壤胶体类型：不同类型的土壤胶体其阳离子交换量差异较大，例如，有机胶体＞蒙脱石＞水化云母＞高岭石＞含水氧化铁、铝。②土壤质地：土壤质地越细，其阳离子交换量越高。③土壤黏土矿物含量：对于实际的土壤而言，土壤黏土矿物的硅铝铁率（SiO_2/R_2O_3）越高，其交换量就越大。④土壤 pH 值：pH 值越小，其阳离子交换量也降低，反之就增大。

土壤阳离子交换量是土壤的一个很重要的化学性质，它可作为评价土壤保水保肥能力、缓冲能力的重要指标，是改良土壤和合理施肥的重要依据之一。

二、实验目的

（1）理解土壤阳离子交换量的内涵及环境化学意义。

（2）掌握土壤阳离子交换量的测定原理和方法。

三、实验原理

目前测定土壤阳离子交换量的方法有 CH_3COONH_4 交换法、NH_4Cl-

CH_3COONH_4 交换法、$C_4H_6CaO_4$ 交换法、$BaCl_2$-$MgSO_4$ 强迫交换法、[Co (NH_3)$_6$] Cl_3 浸提-分光光度法等。中性 CH_3COONH_4 交换法也是我国土壤和农化实验室所采用的常规分析方法，石灰性土壤目前应用较多而且认为较好的是 NH_4Cl-CH_3COONH_4 交换法，其测定结果准确、稳定、重现性好。但是样品交换和清洗过程要多次搅拌处理，耗时长，交换不完全或 CH_3COONH_4 残留会导致滴定结果不准确。综上所述，本次实验采用的是 CH_3COONH_4 交换法。

CH_3COONH_4 交换法具体是指：用中性 CH_3COONH_4 溶液反复处理土壤，使土壤成为铵饱和的土，再用 95%乙醇洗去多余的乙酸铵后，用水将土样洗入凯氏瓶中，加固体氧化镁蒸馏，蒸馏出的氨用硼酸溶液吸收，然后用盐酸标准溶液滴定，根据铵的量计算土壤阳离子交换量。

四、仪器与试剂

(1) 离心机。
(2) 分析天平。
(3) pH 计。
(4) 塑料离心管：50 mL。
(5) 容量瓶：100 mL。
(6) 移液管：1 mL，10 mL。
(7) 烧杯：100 mL。
(8) KCl：分析纯。
(9) 风干酸/中性土壤样品。
(10) 自动凯氏定氮仪及传统定氮相关设备。
(11) 电热板。
(12) 自动搅拌装置。
(13) 1 mol/L 乙酸铵溶液 (pH=7)：称取 77.09 g 乙酸铵用水溶解至 1 L。
(14) 95%乙醇。
(15) 轻质氧化镁。
(16) 20 g/L 硼酸溶液。
(17) 甲基红-溴甲酚混合指示剂。
(18) 0.05 mol/L 盐酸标准溶液。

五、实验步骤

(1) 取 100 mL 烧杯，先称取 5.00 g 风干土壤样品放入烧杯中，再加入

50 mL 1 mol/L 乙酸铵溶液，用搅拌装置持续搅拌，直至溶液成泥浆状态。

（2）将溶液用离心机以转速 4000 r/min 离心 5 min，离心后弃去上层清液，重复离心、弃去上清液操作 5 次，然后将下层沉淀物收集于 100 mL 烧杯中。

（3）向烧杯中加入乙醇（浓度为 95%）溶液 50 mL，搅拌成为泥浆状态，要充分搅拌，直至完全搅拌均匀。

（4）将搅拌均匀的泥浆放入离心机中以转速 4000 r/min 离心 5 min，将离心后的上层乙醇溶液弃去，并重复离心、弃去上层乙醇溶液操作 3 次，再次重复上述操作 1 次，此次收集上层乙醇溶液于锥形瓶中，收集下层固体于 100 mL 烧杯中，检查乙醇溶液中是否还有铵离子。

（5）向收集固体的烧杯中加少量水搅拌成泥浆状，洗入定氮仪消化管中，加 1 g 轻质氧化镁，蒸馏 5 min，蒸馏出的氨用装有硼酸溶液的锥形瓶吸收，向锥形瓶中加入 3～5 滴甲基红-溴甲酚混合指示剂，用 0.05 mol/L 盐酸标准溶液滴定至锥形瓶中溶液为淡紫（蓝）色，此时溶液 pH＝5，记录盐酸标准溶液的用量 V。同时，做空白实验，记录空白实验中盐酸标准溶液的使用量 V_0。

六、数据处理

$$\mathrm{CEC}=\frac{C\times(V-V_0)}{m} \tag{3-1}$$

式中　CEC——阳离子交换量，mol/kg；

C——盐酸标准溶液的浓度，mol/L；

V——盐酸标准溶液的用量，mL；

V_0——空白实验中盐酸标准溶液的用量，mL；

m——风干前土壤的质量，g。

七、知识拓展

土壤中主要存在三种基本成分：无机物、有机物和微生物。

无机物主要是黏土矿物。黏土矿物的晶格结构中存在许多层状的硅铝酸盐，其结构单元是硅氧四面体和铝氧八面体。四面体硅氧层中的 Si^{4+} 常被 Al^{3+} 部分取代；八面体铝氧层中的 Al^{3+} 可部分被 Fe^{2+}、Mg^{2+} 等离子取代，取代的结果是在晶格中产生负电荷。这些负电荷分布在硅铝酸盐的层面上，并以静电引力吸附层间存在的阳离子，以保持电中性。这些阳离子主要是 Ca^{2+}、Mg^{2+}、Al^{3+}、Na^{+}、K^{+} 和 H^{+} 等，它们往往被吸附于矿物质胶体表面上，决定着黏土矿物的阳离子交换行为。

土壤中的有机物主要是腐殖质，包括腐殖酸、富里酸和腐黑物，有机物成分复杂，分子量不固定，结构中存在各种活性基团，可作为阳离子吸附活性位点。

土壤微生物包括细菌、真菌等，可发生氧化、硝化、氨化、固氮、硫化等不同化学转化过程，促进土壤有机质的分解和土壤养分的转化。

八、思考题

(1) 请查阅资料，简述影响土壤阳离子交换量的因素有哪些？它们是如何影响的？

(2) 简述土壤中的离子交换与吸附作用对土壤污染物的迁移转化的影响。

(3) 请查阅资料，简述其他测定土壤阳离子交换量的方法。

参考文献

[1] 顾雪元，艾佛逊．环境化学实验 [M]. 南京：南京大学出版社，2012.

[2] 王志康，王雅洁．环境化学实验 [M]. 北京：冶金工业出版社，2018.

实验3　土壤活性酸度和潜性酸度的测定

一、实验背景

pH 值是土壤重要的理化性质之一，是影响土壤肥力的重要因素和土壤农化分析的基本项目，同时也是农业生产和农业环境保护方面的一个重要指标。pH 值直接影响土壤养分的存在状态、转化和有效性及植株的长势。土壤酸度对土壤理化性质亦有重要的影响。土壤酸度分为活性酸度和潜性酸度两种，划分依据为土壤中 H^+ 的存在方式，其中活性酸度是指对土壤的酸碱性有直接影响的部分，直接反映了土壤中 H^+ 的浓度水平，而潜性酸度只有在盐基不饱和土壤中才存在，其产生条件即土壤胶体中吸附的可代换性氢离子和铝离子在一定条件下通过离子交换进入土壤溶液后，对土壤的酸碱性产生影响。即土壤酸碱性不仅取决于土壤溶液中 H^+ 的浓度，也取决于土壤胶体上致酸离子（H^+ 和 Al^{3+}）或致碱离子（Na^+）的数量，以及土壤中酸性盐类或碱性盐类的存在。

本实验土壤活性酸度的测定使用电极电位法，可以准确、直观、快速地读出 pH 值，是实验室测定土壤 pH 值常用的方法。潜性酸度的测定采用氯化钾淋洗法。

二、实验目的

（1）理解土壤活性酸度和潜性酸度的含义，并探究它们在环境化学中的实际意义。

（2）掌握土壤活性酸度和潜性酸度的测量方法。

（3）掌握带复合电极的 pH 计的使用方法。

三、实验原理

土壤活性酸度的数值就是测定的土壤 pH 值，它通过土壤溶液中游离的 H^+ 的浓度反映出来，用 pH 计测定土壤悬浊液 pH 值时，常用玻璃电极为指示电极，甘汞电极为参比电极，或用 pH 复合电极。当 pH 玻璃电极和甘汞电极插入土壤悬浊液时，构成电池反应，两者之间产生一个电势差，由于参比电极的电位是固定的，因而该电位差的大小取决于试液中的氢离子活度，氢离子活度的负对数即为 pH，可在 pH 计上直接读出 pH 值。在测定过程中，液土比对土壤 pH 值的测定结果有很大影响。在我国的例行分析中，常用的比例有 1∶1、2.5∶1、5∶1，土壤 pH 值会随着液土比的增大而升高，液土比过大或过小均不利于土壤 pH 值的测定。因此，通常选择的液土比为 2.5∶1。

本实验采用的电极电位法是利用电极两极形成的电势差，与化学原电池的原理相同，因为电极的电势是固定的，所以电势差可以反映溶液中 H^+ 的活度，电势差的值和被测溶液的 pH 值形成的比例关系，可以根据能斯特方程计算：

$$\Delta E=\frac{59.16\times(273.15+T)}{298.15}\times\Delta pH \tag{3-2}$$

式中 ΔE——电势差的变化；

ΔpH——溶液 pH 值的变化。

土壤潜性酸度包括交换性酸度和水解性酸度两种，其只有在 H^+ 或 Al^{3+} 等致酸离子通过交换作用产生 H^+ 后才显示出酸度。其中，用过量的中性盐溶液（如 KCl）与土壤作用，将胶体表面上的大部分 H^+ 或 Al^{3+} 交换出来，再以标准碱液滴定溶液中的 H^+，这样测得的酸度称为交换性酸度。水解性酸度用强碱弱酸盐（如 CH_3COONa）进行测定。在淋洗过程中，K^+ 交换土壤胶体中的 H^+ 或 Al^{3+} 使得这两种离子进入溶液，用 NaOH 标准溶液滴定淋洗液时，所得的结果为交

换性 H^+ 和 Al^{3+} 的总和，称为交换性酸总量，而此时的 H^+ 不仅包含了原有的交换性 H^+，还包含了 Al^{3+} 水解产生的 H^+。计算方法为：

交换性氢酸度：

$$C_{H^+}\ (\text{mol/kg})=\frac{(V_2-V'_0)\times C\times a}{m} \tag{3-3}$$

交换性铝酸度：

$$C_{Al^{3+}}\ (\text{mol/kg})=\frac{[(V_1-V_0)-(V_2-V'_0)]\times C\times a}{m} \tag{3-4}$$

式中 V_1——交换性酸总量滴定过程中所消耗氢氧化钠的体积，mL；

V_0——交换性酸总量空白滴定过程中所消耗氢氧化钠的体积，mL；

V_2——交换性氢滴定过程中所消耗氢氧化钠的体积，mL；

V_0'——交换性氢空白滴定过程中所消耗氢氧化钠的体积，mL；

a——分取倍数；

C——氢氧化钠标准溶液的浓度，mol/L；

m——土样的质量，g。

四、仪器与试剂

(1) 带复合电极的 pH 计。

(2) 研钵。

(3) 筛：2 mm。

(4) 电热板。

(5) 高型烧杯：50 mL。

(6) 容量瓶：1000 mL，250 mL，100 mL。

(7) 烧杯：500 mL，1000 mL。

(8) 移液管：25 mL。

(9) 碱式滴定管：50 mL。

(10) 锥形瓶：250 mL。

(11) 漏斗。

(12) 铁架台，铁圈，滴定管夹。

(13) 无二氧化碳水：将纯水在电热板上加热煮沸，加盖冷却至室温，即用即配。

(14) 标准缓冲溶液（pH=4.01）：称取 10.21 g 在 105 ℃烘过的分析纯的邻苯二甲酸氢钾，用水溶解后定容至 1 L。

（15）标准缓冲溶液（pH=6.87）：称取3.39 g在50 ℃烘过的分析纯的磷酸二氢钾和3.53 g无水磷酸氢二钠，溶于水后定容至1 L。

（16）标准缓冲溶液（pH=9.18）：称取3.80 g分析纯的硼砂溶于无二氧化碳的冷水中，定容至1 L。

（17）氯化钙溶液（0.01 mol/L）：称取1.47 g分析纯的氯化钙溶于800 mL水中（pH=7左右），用少量盐酸或$Ca(OH)_2$调节pH值至6左右，然后定容至1 L。

（18）氯化钾溶液（1.0 mol/L）：称取74.55 g分析纯的氯化钾溶于水中，然后稀释至1 L。

（19）酚酞指示剂：称取1 g酚酞溶于100 mL乙醇（95%）中。

（20）氟化钠溶液（质量分数3.5%）：称取3.5 g分析纯氟化钠溶于80 mL无二氧化碳水中，以酚酞作指示剂，用稀氢氧化钠或稀盐酸滴至微红色（pH=8.3），最后稀释至100 mL，贮存于塑料瓶中。

（21）氢氧化钠标准溶液（0.02 mol/L）：称取0.8 g分析纯的氢氧化钠溶于1000 mL无二氧化碳水中，以酚酞作指示剂，用0.1 g左右分析纯的邻苯二甲酸氢钾标定其浓度。

（22）邻苯二甲酸氢钾：分析纯。

五、实验步骤

1. 土壤活性酸度的测定

（1）待测液制备：称取通过2 mm筛的风干土样10 g于50 mL高型烧杯中，加入25 mL氯化钙溶液（0.01 mol/L）。用玻璃棒剧烈搅动1～2 min，混合均匀后，静置30 min，此时应注意避免空气中氨或者挥发性酸气体的影响，做3个平行样。

（2）pH计校正：校正前要将pH电极在饱和KCl浸泡液中浸泡48 h。用标准缓冲液检查pH计时，必须用两个不同pH值的缓冲液（如一个为pH值4.01，一个为pH值6.87，或一个为pH值6.87，一个为pH值9.18），视测定土壤的pH值而定，以接近土壤的pH值为宜。检查时，首先，将标准缓冲液与待测液控制在同一温度下。然后，先将电极插入一个缓冲液中，开启电源，调节零点和温度补偿后，将挡板拨至pH档，用“定位”调节旋钮调节读数至标准缓冲液的pH值，这次调节的是电极不对称电位，经过一次缓冲液校正后，如电极完好或仪器已在正常情况下工作，则用第二个缓冲液检查时，允许的偏差应在0.02以内（pH值7.00±0.02）。如果产生较大的偏差，则必须更换电极并检查仪器。在插入校准溶液前，用水冲洗电极球泡后，用吸水纸轻轻吸干表面水分，否则会升高或降低缓冲液的 pH 值。插入校准溶液后，待稳定后移出电极，用水冲洗干净，再插入下一缓冲液，重复上面的步骤。校正完毕后，移出电极，用水冲洗后插入饱和 KCl 溶液中待用。

（3）测定：将电极的球泡浸入待测土样的下部悬浊液中，并在悬浊液中轻轻摇动，以除去玻璃表面的水膜，使电极电位达到平衡，待 pH 计读数稳定后，记录待测液的 pH 值。每个试样测完后，立即用水冲洗电极，并用滤纸吸干后再测定其他试样。精确测定时，每测定 5～6 个试样后，用标准缓冲溶液重新校正仪器。完成所有的测定工作后，要将 pH 电极放回饱和 KCl 溶液中。

2. 土壤潜性酸度的测定

（1）称取通过 2 mm 筛的风干土样 10.00 g，将滤纸折叠并放入漏斗内，称取好的土壤样品放入滤纸，根据少量多次的原则，用氯化钾溶液（1 mol/L）进行淋洗，滤液盛接在 250 mL 容量瓶中，近刻度线时，用胶头滴管吸取氯化钾溶液定容。

（2）准确吸取 50 mL 滤液（取液量可根据土壤性质相应调整）于 250 mL 锥形瓶中，煮 5 min，目的是将二氧化碳去除。在室温下放置一会（稍凉即可），以酚酞作指示剂，趁热用标定后的氢氧化钠溶液滴定至微红色，记下氢氧化钠用量（V_1）。

（3）另取一份 50 mL 滤液于 250 mL 锥形瓶中，持续煮沸 5 min 以完全清除滤液中的二氧化碳，趁热加入过量氟化钠溶液 1 mL，冷却后以酚酞作指示剂，用氢氧化钠标准溶液滴定至微红色，记下氢氧化钠用量（V_2）。

（4）空白实验重复上述步骤，分别记下氢氧化钠用量（V_0 和 V_0'）。

六、数据处理

1. 活性酸度

用 pH 计测得的数值即为活性酸度的数值，将三个平行样的读数取平均值即为所求。

2. 土壤潜性酸度

分别使用式（3-3）和式（3-4）计算交换性氢酸度和交换性铝酸度。

七、知识拓展

除了本次实验所运用的电极电位法测定 pH 值外，还有很多方法可以测定溶液的 pH 值，如混合指示剂比色法，指示剂在不同 pH 溶液中显示不同颜色，因而可根据指示剂显示的颜色大概确定溶液 pH 值的范围；pH 试纸法，当用玻璃棒蘸取待测液于 pH 试纸上时，因不同 pH 溶液中的显色不同而测量 pH 值，在无法确定溶液 pH 值的范围时，可先用广范 pH 试纸测出溶液的大致酸碱度，再用精密 pH 试纸进行精确测量；数字照片可见光光谱提取法，由于土壤成分和性质的不同，其对可见光范围内的电磁波谱的响应有所差异，以数字照片为基础，可以将其对应到不同的颜色空间系统中，通过建立颜色空间的预测土壤 pH 模型以确定土壤的 pH 值；多光谱图像检测法，此方法利用土壤表面在卤素灯的照射下会反射光线的性质，用特定的摄像机可捕捉此光线拍摄样本的彩色图像和近红外图像，然后，在拍摄的多光谱图像中可分离不同的数据通道并对应到相应的图像中，进而构建颜色空间模型，以检测土壤 pH 值。

八、思考题

(1) 在进行测定前为什么要浸泡玻璃电极?

(2) 在测定过程中，哪些因素会影响测定结果?

(3) 请查阅文献，简述土壤活性酸度和潜性酸度之间的关系。

参考文献

[1] 刁硕，王红旗，邱晨．土壤酸碱度测定方法的差异研究与探讨 [J]. 环境工程，2015，33 (增刊 1)：1015-1017.

[2] 顾雪元，艾佛逊．环境化学实验 [M]. 南京：南京大学出版社，2012.

污染物迁移与转化过程实验

实验1 大气中氮氧化物的日内变化规律

一、实验背景

大气中氮氧化物（NO_x）主要包括一氧化氮（NO）和二氧化氮（NO_2），主要来自天然过程，如生物源、闪电均可产生 NO_x。NO_x 的人为源绝大部分来自化石燃料的燃烧过程，包括汽车及一切内燃机所排放的尾气，也有一部分来自生产和使用硝酸的化工厂、钢铁厂、金属冶炼厂等排放的废气，其中以工业窑炉、氮肥生产和汽车排放的 NO_x 量最多。城市大气中2/3的 NO_x 来自汽车尾气等的排放，交通干线空气中 NO_x 的浓度与汽车流量密切相关，而汽车流量往往随时间而变化，因此，交通干线空气中 NO_x 的浓度也随时间而变化。

全球每年排入大气的 NO_x 总量超过3000万吨，而且还在持续增长。NO_x 对呼吸道和呼吸器官有刺激作用，是导致支气管哮喘等呼吸道疾病不断增加的原因之一。此外，NO还可以与血液中的血红蛋白结合生成亚硝基血红蛋白或亚硝基高铁血红蛋白，血液输氧能力下降，而 NO_2 可以诱发光化学烟雾和酸雨。平流层中臭氧层的变薄很大程度也归因于 NO_x 的作用。因此，测定大气中氮氧化物的日内变化规律具有重要意义。

二、实验目的

（1）掌握大气中氮氧化物测定的基本原理和方法。
（2）绘制大气中氮氧化物的日变化曲线。
（3）了解大气中氮氧化物的种类及来源。

三、实验原理

氮氧化物在空气中主要以 NO 和 NO_2 的形态存在，测定时用三氧化铬将 NO 氧化成 NO_2，NO_2 被水吸收后，在溶液中形成亚硝酸，然后与对氨基苯磺酸发生重氮化反应，再与盐酸萘乙二胺偶合，反应生成粉红色偶氮染料。空气中的 NO 不与吸收液反应，通过氧化管时被氧化为 NO_2 吸收并反应生成粉红色偶氮染料。生成的偶氮染料在波长 540 nm 处的吸光度与 NO_2 的含量成正比。该方法的检出限为 0.01 μg/mL（以吸光度 0.01 相应的亚硝酸盐含量计），线性范围为 0.03～1.6 μg/mL，最低检出浓度为 0.01 mg/m^3（以采样体积为 6 L 计算得出）。

本实验要求采集并测定一天内不同时间段大气中氮氧化物的浓度，绘制大气中氮氧化物浓度随时间的变化曲线。

四、仪器与试剂

（1）大气采样器：流量范围 0.0～1.0 L/min。

（2）分光光度计。

（3）棕色多孔玻板吸收管。

（4）双球玻璃氧化管。

（5）干燥缓冲瓶。

（6）比色管：10 mL。

（7）移液管：1 mL。

（8）容量瓶：500 mL，1000 mL。

（9）吸收液：称取 5.0 g 对氨基苯磺酸于烧杯中，加入 50 mL 冰醋酸与 900 mL 水的混合液，搅拌、溶解，转移至 1000 mL 棕色容量瓶后，加入 0.050 g 盐酸萘乙二胺，再用水稀释至刻线，摇匀，转移至棕色试剂瓶中，低温避光保存，作为吸收原液。采样时，吸收液由 4 份吸收原液和 1 份水混合配制。

（10）三氧化铬-石英砂：取 20～40 目石英砂约 30 g，用 1∶2 的盐酸溶液浸泡一夜后，用水洗至中性，烘干。把三氧化铬及石英砂按 1∶40 的质量比混合，加少量水调匀，在烘箱中于 105 ℃烘干，烘干过程中搅拌数次，制得三氧化铬-石英砂。将制备好的样品装入双球玻璃氧化管中，两端用少量脱脂棉塞好，放入干燥器中保存。使用时氧化管与吸收管之间用乳胶管连接。

（11）亚硝酸钠（NO_2^-）标准溶液：准确称取 0.1500 g 亚硝酸钠（预先在干燥器内干燥 24 h）溶于水，转移至 1000 mL 容量瓶中并用水稀释至刻线，转移至棕色试剂瓶中。NO_2^- 溶液的浓度为 100 μg/mL，冰箱中可稳定保存 3 个月。

使用时，吸取上述溶液 25.00 mL 于 500 mL 容量瓶中，用水稀释至刻线，即配得 5 μg/mL NO_2^-溶液。

五、实验步骤

1. 氮氧化物采集

向一支多孔玻板吸收管中加入 5 mL 氮氧化物吸收液和 1 mL 蒸馏水，接上大气采样器以及氧化管，并使管口微微向下倾斜，朝上风向，避免潮湿大气将氧化管弄湿而污染吸收液。在距离地面 1.5 m 处，以 0.3 L/min 的流量采集空气 30 min，将采样点设在校园内的人行道上、距马路 1.5 m 处，并统计采样空气流量、机动车流量，采样时间段为 10：00～15：00，每半小时采集一个样品。若氮氧化物的含量很低，可增加采样量，采样至吸收液呈浅玫瑰红为止。记录采样时间和地点，根据采样时间和流量，算出采样体积。

2. 氮氧化物测定

(1) 标准曲线绘制：取 7 支 10 mL 的比色管按表 4-1 配制标准溶液，将各管摇匀，避免阳光直射，并放置 15 min，以蒸馏水为参比，用 1 cm 比色皿，在 540 nm 的波长处测定吸光度。

表 4-1 标准溶液配制表

编号	0	1	2	3	4	5	6
NO_2^-标准溶液/mL	0.00	0.10	0.20	0.30	0.40	0.50	0.60
吸收原液/mL	4.00	4.00	4.00	4.00	4.00	4.00	4.00
水/mL	1.00	0.90	0.80	0.70	0.60	0.50	0.40
NO_2^-含量/μg	0	0.5	1.0	1.5	2.0	2.5	3.0

(2) 样品测定：采样后放置 15 min，并将吸收液直接加入 1 cm 比色皿中，在 540 nm 处测定吸光度。

六、数据处理

根据吸光度与浓度的对应关系，采用最小二乘法计算标准曲线的回归方程式。

$$y = ax + b \tag{4-1}$$

式中 y——标准溶液吸光度（A）与试剂空白吸光度（A_0）之差；

x——NO_2^-含量，μg；

b 和 a——回归方程式的截距和斜率。

$$\rho_{NO_x}=\frac{(A-A_0)-b}{a\times V\times 0.76} \tag{4-2}$$

式中　ρ_{NO_x}——氮氧化物浓度，mg/m³；

A——样品液吸光度；

V——标准状况下（0 ℃，1.01×10^5 Pa）的采样体积，L；

0.76——NO_2（气）转换成 NO_2^-（液）的转换系数。

七、知识拓展

氮氧化物可刺激肺部，使人较难抵抗感冒之类的呼吸系统疾病。呼吸系统有问题的人士，如哮喘病患者，会较易受二氧化氮影响。对儿童来说，氮氧化物可能会造成肺部发育受损。研究指出长期吸入氮氧化物可能会导致肺部构造改变，但仍未确定导致这种后果的氮氧化物含量及吸入气体时间。

以一氧化氮和二氧化氮为主的氮氧化物是形成光化学烟雾和酸雨的一个重要原因。汽车尾气中的氮氧化物与碳氢化合物经紫外线照射发生反应形成的有毒烟雾，称为光化学烟雾。光化学烟雾具有特殊气味，刺激眼睛，伤害植物，并能使大气能见度降低。另外，氮氧化物与空气中的水反应生成的硝酸和亚硝酸是酸雨的主要成分。大气中的氮氧化物主要源于化石燃料的燃烧和植物体的焚烧，以及农田土壤和动物排泄物中含氮化合物的转化。

八、思考题

(1) 氮氧化物与光化学烟雾有什么关系？

(2) 根据实验结果，推测交通干线空气中氮氧化物的污染状况。

(3) 空气中氮氧化物日变化曲线说明了什么？

参考文献

[1] 戴树桂．环境化学 [M]. 北京：高等教育出版社，2006.

[2] 董德明，朱利中．环境化学实验 [M]. 2 版．北京：高等教育出版社，2009.

[3] 莫天麟．大气化学基础 [M]. 北京：气象出版社，1998.

[4] 潘大伟，金文杰．环境工程实验 [M]. 北京：化学工业出版社，2014.

[5] 唐孝炎．大气环境化学 [M]. 北京：高等教育出版社，1990.

[6] 赵惠富．污染气体 NO_2 的形成和控制 [M]. 北京：科学出版社，1993.

实验 2　硝基苯的微生物降解反应动力学及速率常数的测定

一、实验背景

硝基苯（NB）是合成苯胺的重要原料，此外，还广泛应用于石油化工、塑料、农药和医药等行业，但在生产过程中产生大量含硝基苯的废水，每年约 9000 t 硝基苯被排放到环境中，部分通过泄漏进入地下水。硝基苯具有高毒性，对人类和动物有空气传播毒性，长期暴露于硝基苯污染的地区，会引起人类神经系统和肝、肾、脾的损伤，因此被列于世界“环境优先控制有毒有机污染物”名单的前列。生物法降解废水中的硝基苯具有经济、高效、无污染等特点，所以成为优先考虑的处理方法。

二、实验目的

（1）掌握微生物降解硝基苯的原理。

（2）掌握微生物降解硝基苯的速率常数的测定方法。

三、实验原理

硝基苯的微生物降解可以分为氧化分解和还原分解两个途径。氧化分解多发生在好氧条件下，而还原分解在好氧和厌氧条件下都可以发生。

氧化分解的原理为硝基苯在酶的作用下增加氧原子而脱掉硝基。还原分解有两个途径，分别为：①以硝基还原开始的降解途径，即硝基苯的硝基还原代谢主要是指硝基被还原为羟胺或胺的过程；②以苯环还原开始的降解途径，芳香族硝基化合物在氢化物转移酶的作用下生成迈森海默（Meisenheimer）络合物，然后伴随着 NO_2^- 的释放进一步被降解。

本实验以二硝基甲苯（DNT）为例，在好氧条件下，DNT 的降解和细胞合成可用下式表示：

$$C_7H_6O_4N_2 + 5.621O_2 + 0.0296PO_4^{3-} \longrightarrow 0.0296C_{60}H_{87}O_{23}N_{12}P + 1.557H^+ + 1.645NO_2^- + 5.227CO_2 + 0.936H_2O$$

DNT 降解动力学可以用莫诺德（Monod）方程来描述：

$$\mu = \frac{\mu_{max}S}{K_S + S} \tag{4-3}$$

式中 μ——微生物的比增长速度，即单位生物量的增长速度，s^{-1}；

μ_{max}——微生物最大比增长速度，s^{-1}；

K_S——半饱和常数，是当 $\mu = \mu_{max}/2$ 时的底物浓度，g/L；

S——单一限制性底物浓度，g/L。

四、仪器与试剂

（1）双光束紫外-可见分光光度计。

（2）容量瓶：100 mL。

（3）pH 计。

（4）微生物菌种。

（5）DNT 标准溶液。

五、实验步骤

1. 培养基的制备

富集培养基：NaCl（5 g/L），蛋白胨（10 g/L），牛肉膏（3 g/L），蒸馏水 1000 mL，pH 值 7.2～7.4；固体培养基加入 1.5%～2.0%琼脂。

筛选培养基：$Na_2HPO_4 \cdot 12H_2O$（3.8 g/L），KH_2PO_4（1.0 g/L），KCl（3.0 g/L），$MgSO_4$（0.2 g/L），NH_4Cl（0.1 g/L），在无机盐溶液中添加一定量的 DNT 而配成。

分离培养基：是通过在无机盐溶液中加入 1.5%的琼脂，1.0%的蛋白胨以及一定量的 DNT 熔化灭菌后在培养皿中凝固而成。

2. 不同起始浓度对微生物降解 DNT 的影响

将微生物菌种分别加入 4 种不同浓度的 DNT 溶液（0.5 mol/L、1 mol/L、2 mol/L、5 mol/L）中，分别测定微生物菌种的比增长速率。

3. 不同 pH 值对微生物降解 DNT 的影响

将微生物菌种分别加入 DNT 标准溶液中，调节 pH 值分别为 4、7、10，分别测定微生物菌种的比增长速率。

六、数据处理

计算微生物降解速率常数。将莫诺德方程取倒数可得：

$$\frac{1}{\mu}=\frac{1}{\mu_{max}}+\frac{K_S}{\mu_{max}S} \tag{4-4}$$

用测得的微生物比增长速率计算降解速率常数 K_S 和 μ_{max}。

七、知识拓展

共代谢是一种独特的代谢方式，某些难降解的有机化合物不能直接作为碳源或者能源物质被生物直接利用。由于硝基苯类化合物的难降解性，共代谢作用的存在，即混合菌为硝基苯类化合物更好地降解奠定了基础。如环糊精的存在可以提高菌株对硝基苯的耐受能力，促进菌株的生长，加快硝基苯的降解；β-环糊精也可以提高菌株对对硝基苯酚的耐受浓度。硝基苯和琥珀酸盐共存时容易被微生物降解。重金属 Zn 和 Cu 对硝基苯降解也有一定的促进作用。这可能是因为一定量的金属离子，为微生物的生长提供了营养成分，从而进一步降解硝基苯。

八、思考题

思考可以优化 DNT 降解的条件。

参考文献

[1] 董德明，朱利中．环境化学实验［M］. 2 版．北京：高等教育出版社，2009.

[2] 谢树波．电生羟基自由基的检测及其在 2,4-二氯苯酚废水处理中的应用研究［D］. 哈尔滨：哈尔滨工业大学，2019.

[3] 朱颖一，叶倩，王明新，等．S-NZVI/PS 凝胶反应带修复硝基苯污染地下水［J］. 中国环境科学，2020，40（10）：4411-4420.

实验 3　对硝基苯甲腈水解反应动力学及速率常数的测定

一、实验背景

水解是指化合物与水发生的分解作用，水解是有机物的重要降解途径之一，进入环境的有毒有机物往往因水解而发生降解，从而改变原有的活性。因此水解反应是评价有机污染物在环境中持久性的主要反应之一，而水解速率常数是表征有机污染物环境行为的基础参数。

对硝基苯甲腈是用作医药、染料、农药、橡胶用品等的中间体，也可作为制造塑料、纤维和黏合剂等的原料。水解是苯甲腈类污染物在环境中的重要归趋过程之一。本实验选取对硝基苯甲腈为模型化合物，研究对硝基苯甲腈的水解，对预测芳腈类化合物在环境中的归趋有积极意义。本实验以对硝基苯甲腈为例，采用高效液相色谱法测定其水解速率常数。

二、实验目的

（1）了解有机污染物水解对于其环境消除和毒性变化的意义。

（2）掌握测定有机污染物水解速率常数的基本方法。

三、实验原理

在实验室条件下进行有机污染物的水解研究。首先将化合物配制成一定浓度的水溶液，并保持恒温，然后在不同时间点取出一定量的水样，测定对硝基苯甲腈的含量，利用一级反应动力学方程对浓度数据进行回归分析，求得有机化合物的水解半衰期和水解反应速率常数。

对硝基苯甲腈的水解反应式为

$$NO_2C_6H_4CN + 2H_2O \rightleftharpoons NO_2C_6H_4COOH + NH_3 \tag{4-5}$$

其中，溶液中的水分子、氢离子和氢氧根离子，均会影响对硝基苯甲腈的水解，相应的反应式如式（4-6）～式（4-8）所示：

酸性水解速率常数（K_a）：$NO_2C_6H_4CN \xrightleftharpoons{\text{酸性水解，}H^+} NO_2C_6H_4COOH + NH_4^+$ (4-6)

中性水解速率常数（K_n）：$NO_2C_6H_4CN \xrightleftharpoons{\text{中性水解，}H_2O} NO_2C_6H_4COOH + NH_3$ (4-7)

碱性水解速率常数（K_b）：$NO_2C_6H_4CN \xrightleftharpoons{\text{碱性水解，}OH^-} NO_2C_6H_4COO^- + NH_3$ (4-8)

$$-\frac{d[NO_2C_6H_4CN]}{dt} = (K_n + K_a[H^+] + K_b[OH^-]) \times [NO_2C_6H_4CN] = K_h[NO_2C_6H_4CN] \tag{4-9}$$

式中，

$$K_h = K_n + K_a[H^+] + K_b[OH^-] \tag{4-10}$$

如果在一定的温度下保持 pH 值恒定，可将［H^+］和［OH^-］视为常数并代入式（4-9）中，这样对硝基苯甲腈的水解反应可简化为一级反应，其积分结果用一级反应通式表示：

$$\ln \frac{C_t}{C_0} = -kt \tag{4-11}$$

式中 C_0——对硝基苯甲腈的初始浓度，mg/L；

C_t——水解某一时刻对硝基苯甲腈的浓度，mg/L；

t——水解时间，s；

k——水解速率常数，s^{-1}。

测定水解中不同时刻对硝基苯甲腈的浓度，即可求出其水解速率常数。

四、仪器与试剂

（1）高效液相色谱仪：带 254 nm 紫外检测器。

（2）酸度计。

（3）温度指示控制仪。

（4）恒温水浴锅。

（5）电动搅拌器。

（6）容量瓶、烧杯：100 mL，1000 mL。

（7）具塞锥形瓶：100 mL。

（8）分液漏斗：10 mL。

（9）甲醇：分析纯。

（10）二氯甲烷：分析纯。

（11）无水乙醇：分析纯。

（12）氢氧化钠储备液（0.2 mol/L）：称取 8.0000 g 氢氧化钠于一定量水中，移至 1000 mL 容量瓶中稀释至刻线，混匀待用。

（13）氯化钠储备液（0.2 mol/L）：称取 11.6880 g 氯化钠溶于一定量水中，移至 1000 mL 容量瓶中稀释至刻线，混匀待用。

（14）磷酸二氢钾储备液（0.1 mol/L）：称取 13.6160 g 磷酸二氢钾溶于一定量水中，移至 1000 mL 容量瓶中稀释至刻线，混匀待用。

（15）氯化钾储备液（0.2 mol/L）：称取 14.9120 g 氯化钾溶于一定量水中，移至 1000 mL 容量瓶中稀释至刻度，混匀待用。

（16）缓冲溶液（pH＝7）：取 145.5 mL 氯化钠储备液（0.2 mol/L）和 500.0 mL 磷酸二氢钾储备液（0.1mol/L）混合，在 1000 mL 容量瓶中用水稀释至刻线。用酸度计测定其 pH 值。

（17）缓冲溶液（pH＝12）：取 250.0 mL 氯化钾储备液（0.2 mol/L）和 600.0 mL 氢氧化钠储备液（0.2 mol/L）于 1000 mL 容量瓶中用水释至刻线并充分混合。用酸度计测定其 pH 值。

（18）对硝基苯甲腈溶液：称取 0.2500 g 对硝基苯甲腈，溶于无水乙醇，在 100 mL 容量瓶中稀释至刻度并充分混合。

五、实验步骤

量取 80 mL 缓冲液（pH＝12）于 100 mL 的具塞锥形瓶中密封，置于水浴锅中 40 ℃恒温水浴加热 30 min，然后加入 0.8 mL 对硝基苯腈溶液并摇匀混合。即刻吸取 5.00 mL 水解液并置于已加有 2.00 mL 二氯甲烷的 10 mL 分液漏斗中，然后振荡萃取 2 min，静置分层后，将二氯甲烷层移入 10 mL 容量瓶中并用甲醇定容，高效液相色谱仪测定其浓度，记录在 0 min 时的水解峰面积。而后在水解分别进行到 10 min、20 min、30 min、40 min、50 min、60 min 和 70 min 时从锥形瓶中各取样一次，重复上述操作。按上述方法，同样进行在 pH＝7 时的水解实验。

分别测定各样品的色谱峰面积，令水解开始时的峰面积为 A_0，则 A_t 为水解为 t 时刻的峰面积。

六、数据处理

1. 水解曲线绘制

以 ln（A_t/A_0）为纵坐标，水解时间 t 为横坐标，绘制水解曲线，并比较不同 pH 值下对硝基苯甲腈的水解曲线。

2. 水解速率常数 k 求解

水解曲线呈直线，则直线斜率的绝对值为水解速率常数。

3. 水解半衰期 $t_{1/2}$

水解半衰期是指有机物水解一半所需要的时间，计算式为：

$$t_{1/2}=\frac{0.693}{k} \tag{4-12}$$

七、知识拓展

水与另一化合物反应，该化合物会分解为两部分，水中氢离子加到其中的一部分，而羟基加到其中的另一部分，因而得到两种或两种以上的新化合物的反应过程，满足这些条件的叫作水解。工业上应用较多的是有机物的水解，主要生产醇和酚。水解反应是中和或酯化反应的逆反应。大多数有机化合物的水解，仅用水是很难顺利进行的。根据被水解物的性质，水解剂可以采用氢氧化钠水溶液、稀酸或浓酸，有时还可采用氢氧化钾、氢氧化钙、亚硫酸氢钠等的水溶液。这就是所谓的加碱水解和加酸水解。

八、思考题

(1) 水解实验为何要在缓冲液中进行?

(2) 推测对硝基苯甲腈在 pH>7 的水体中的持久性。

(3) 查阅文献，分析哪种结构的有机物易于发生水解反应。

参考文献

[1] 董德明，花修艺，康春莉．环境化学实验 [M]. 北京：北京大学出版社，2010.

[2] 董德明，朱利中．环境化学实验 [M].2 版．北京：高等教育出版社，2009.

[3] 顾雪元，艾佛逊．环境化学实验 [M]. 南京：南京大学出版社，2012.

[4] 李元．环境科学实验教程 [M]. 北京：中国环境科学出版社，2007.

实验 4 苯酚在水溶液中的光化学反应动力学及速率常数的测定

一、实验背景

天然水体的光化学反应主要是在入射的太阳光作用下产生的。太阳光为水中污染物的光化学反应提供了能源，用于光合作用和被水体吸收而产生热，同时被溶解在水中的物质或颗粒物质所吸收，引起光化学反应，因此，了解天然水体中物质循环过程中光的作用是非常重要的。水体中有机污染物的光化学行为主要包括直接光解和间接光解。两种途径都是靠能够吸收太阳能量的有机分子吸收太阳光能量而引起的。在这两种光解过程中，产生的各种活性物种和短寿命的氧化剂有·OH、·O_2^-、HO_2·、·R、ROO·、NO·等自由基和 O_2、O_3、H_2O_2、ROOH 等分子。这些物质均具有较强的反应活性，使得水体中有机污染物能够与之发生复杂多变的光化学反应。有机污染物在水体中的光降解过程强烈地影响其在水体中的归宿。因此，对水体中有机污染物光降解的研究已成为水环境化学的一个重要领域。

苯酚广泛应用于工业生产，所以工业废水中常含有大量的苯酚，对环境污染严重。由于苯酚易溶于水，毒性较大，是水体中常见的有机污染物。光降解是持久性有毒有机污染物在天然水体中降解所经历的最主要过程之一，因此研究天然水中苯酚的光降解行为有助于发展苯酚及类似污染物的污染控制和消减技术，并且有助于全面评价苯酚及类似污染物的环境归趋及生态风险，为酚类污染物的整治工作提供支持。

二、实验目的

（1）掌握苯酚的测定方法。

（2）测定苯酚在光降解作用下的降解速率，并求得速率常数。

三、实验原理

有机物吸收光子而引发键断裂或者结构重排等光反应称为直接的光降解反应。其过程如下：

$$RH \longrightarrow H\cdot + R\cdot \tag{4-13}$$

光化学反应除了不断产生活性自由基外，水体中还常存在单线态氧，使得天然水中的有机污染物被不断氧化，最终生成 CO_2、CH_4 和 H_2O 等小分子物质。因此，光降解是天然水体中有机污染物的自净途径之一。天然水体中有机污染物光降解速率，可用式（4-14）表示：

$$-\frac{dC}{dt}=K[O_x] \tag{4-14}$$

式中　C——天然水中苯酚的浓度，mg/L；

$[O_x]$——天然水中的氧化基团浓度，mg/L 一般为定值，即在反应过程中保持不变；

K——比例系数，s^{-1}。

式（4-14）积分可得：

$$\ln\frac{C_0}{C_t}=K[O_x]t=K't \tag{4-15}$$

式中　C_0——天然水中苯酚的初始浓度，mg/L；

C_t——光照 t 时刻的苯酚浓度，mg/L；

K'——光降解曲线的斜率，即光降解速率常数，s^{-1}。

本实验在含有苯酚的蒸馏水溶液中加入 H_2O_2，模拟含苯酚废水的光降解实验。利用4-氨基安替比林法测定苯酚的浓度，测定原理为酚类化合物与4-氨基安替比林在碱性条件下（pH=10.0±0.2）发生络合反应，以氰化钾作氧化剂，反应生成红色的安替比林染料，在波长为510mm处有最大吸收量，测定其吸光度。

四、仪器与试剂

（1）多功能光化学反应仪，带400 W汞灯。

（2）紫外-可见光分光光度计。

（3）容量瓶：1000 mL，500 mL。

（4）比色管：50 mL。

（5）烧杯：1000 mL。

（6）磁力搅拌器。

（7）苯酚标准储备液（1000 mg/L）：称取1.0000 g的精制苯酚，用无酚蒸馏水溶解，转移至1000 mL褐色容量瓶中，用无酚蒸馏水稀释至刻线，1 mL此溶液相当于1 mg苯酚。

（8）苯酚标准中间液（50 mg/L）：取苯酚标准储备液5.00 mL用容量瓶稀释至100 mL。

（9）氨-氯化铵缓冲溶液：称取20 g氯化铵溶于100 mL浓氨水中。

（10）4-氨基安替比林溶液（1%）：称取1 g 4-氨基安替比林溶于水，稀释至100 mL，储存于棕色容量瓶中待用。

（11）铁氰化钾溶液（4%）：称取4 g铁氰化钾，稀释至100 mL，储于棕色容量瓶中待用。

（12）H_2O_2 溶液（0.36%）：取3.00 mL浓 H_2O_2（30%）稀释至250 mL。

（13）待降解苯酚溶液：取1000 mg/L的苯酚标准储备液25.00 mL于500 mL棕色容量瓶中，用二次蒸馏水稀释至刻线，摇匀避光保存待用。

五、实验步骤

1. 绘制苯酚吸光度相对浓度的标准曲线

分别移取0.00 mL、1.00 mL、3.00 mL、4.00 mL和5.00 mL的50 mg/L苯酚标准中间液于50 mL比色管中，再分别加入0.5 mL缓冲溶液、1.00 mL 1%的4-氨基安替比林溶液、1.00 mL 4%的铁氰化钾溶液，充分混合并稀释定容至 50.00 mL，放置显色 15 min 后，在分光光度计 510 nm 波长处，用 1 cm 比色皿，以空白溶液为参比，测量吸光度。以吸光度对浓度作图绘制标准曲线。

2. 光降解实验

（1）量取 500 mL 待降解的苯酚溶液置于 1000 mL 的烧杯中，加入 2.0 mL 的 H_2O_2 溶液（0.36%）后充分混合，该溶液即为模拟的含有苯酚的天然水样。

（2）开启多功能光化学反应仪，把 400 W 高压汞灯置入石英冷阱中，打开循环冷凝水，然后把上述水样置于磁力搅拌器上进行充分搅拌，打开高压汞灯控制器进行降解实验。分别在 0 min、10 min、20 min、30 min、40 min、50 min、60 min 时量取 5.00 mL 样品于 50 mL 比色管中，按实验步骤 1 来测定吸光度。

六、数据处理

（1）绘制标准曲线，拟合回归方程，通过标准曲线来计算不同时间光降解溶液中苯酚所对应的浓度值。

（2）根据式（4-15）绘制曲线，所得曲线斜率即为光降解速率常数。

七、知识拓展

苯酚是一种有机化合物，化学式为 C_6H_5OH，是具有特殊气味的无色针状晶体，有毒，是生产某些树脂、杀菌剂、防腐剂以及药物（例如阿司匹林）的重要原料，也可用于外科器械和排泄物的消毒处理、皮肤杀菌与止痒及中耳炎的治疗。熔点为 43 ℃，常温下微溶于水，易溶于有机溶剂；当温度高于 65 ℃时，能跟水以任意比例互溶。苯酚有腐蚀性，接触后会使局部蛋白质变性，其溶液沾到皮肤上可用酒精洗涤。2017 年 10 月 27 日，世界卫生组织国际癌症研究机构公布的致癌物清单，苯酚在 3 类致癌物清单中。

苯酚对皮肤、黏膜有强烈的腐蚀作用，可抑制中枢神经或损害肝、肾功能。急性中毒：吸入高浓度蒸气可致头痛、头晕、乏力、视线模糊、肺水肿等。误服引起消化道灼伤，出现烧灼痛，呼出气带酚味，呕吐物或大便可带血液，有胃肠穿孔的可能，可出现休克、肺水肿、肝或肾损害，出现急性肾功能衰竭，可死于呼吸衰竭。眼接触可致灼伤。可经灼伤皮肤吸收经一定潜伏期后引起急性肾功能衰竭。慢性中毒：可引起头痛、头晕、咳嗽、食欲减退、恶心、呕吐，严重者引起蛋白尿。可致皮炎。环境危害：对环境有严重危害，对水体和大气可造成污染。燃爆危险：该品可燃，高毒，具强腐蚀性，可致人体灼伤。

八、思考题

(1) 制作模拟的含苯酚天然水样时，为什么加入 H_2O_2？如果不加 H_2O_2，对实验结果有何影响？

(2) 研究苯酚的光降解有何实际意义？

(3) 影响有机污染物光降解速率常数的因素有哪些？试举例说明。

参考文献

[1] 董德明，朱利中．环境化学实验 [M]．2 版．北京：高等教育出版社，2009.

[2] 江锦花．环境化学实验 [M]. 北京：化学工业出版社，2011.

[3] 许宜铭，吕惠卿．光化学法降解水中氯代苯酚的研究进展 [J]. 上海环境科学，2000，19 (7)：313-316.

[4] 张燕．天然水体中 pH 对酚类污染物光的影响 [D]. 大连：大连理工大学，2009.

实验 5　腐殖酸对重金属的络合

一、实验背景

腐殖酸主要是动植物残体经过微生物的分解与转化，以及一系列的生物地球化学过程形成和积累的一类特殊有机聚合物。腐殖酸中的多功能基如羧基、酚羟基含量丰富，是一种可变电荷有机胶体，能够通过络合、螯合、吸附等作用与土壤中的无机重金属和有机物质进行有效结合，具有较高的反应活性。因其胶体性质成为重金属离子的络合剂，对重金属的迁移、转化和生物有效性有十分重要的作用。本实验以典型重金属——Cu 为例，来探究腐殖酸对重金属的络合能力与机制。

二、实验目的

(1) 了解腐殖酸的含义及其环境意义。

(2) 掌握腐殖酸对典型重金属的络合机制。

(3) 掌握目前提取腐殖酸的主要技术手段。

三、实验原理

腐殖酸对重金属的去除以吸附作用为主。吸附和解吸是一个可逆的过程，被吸附的金属离子能在一定条件下被解吸出来。解吸量或解吸率（解吸量占吸附量的百分数）可作为吸附强度指标，往往用来说明胶体表面活性吸附位与金属离子结合的牢固程度。研究铜在腐殖酸上的吸附和解吸行为，对于了解铜的生物有效性以及腐殖酸结合铜的化学和生物活性机理具有重要意义。腐殖酸对重金属的吸附络合作用机理十分复杂，包含多个方面的机理，如阴离子交换、表面配位交换、酚羟基相互作用、熵效应、氢键以及阳离子键桥等多个方面的机理，进而与重金属形成有机金属络合物及吸附物。

虽然腐殖酸对重金属离子有很高的吸附能力，但是当腐殖酸来源不同时，对重金属的吸附稳定性也有很大差异，故本实验提取不同来源土壤中的腐殖酸，探究不同来源的腐殖酸对铜离子的络合能力与机制的差别。选用的解吸剂为乙二胺四乙酸（EDTA）和乙酸铵（CH_3COONH_4）。EDTA 具有较强的金属络合能力，能够有效提取有机络合态金属。用 EDTA 作解吸剂，解吸腐殖酸通过离子交换和络合作用吸附的铜离子的总量，而 CH_3COONH_4 分子的 NH_4^+ 具有较强的代换能力，能够解吸被腐殖酸通过离子交换作用吸附的铜离子。

四、仪器与试剂

（1）原子吸收分光光度计。

（2）pH 计。

（3）摇床。

（4）高速离心机。

（5）恒温水浴锅。

（6）锥形瓶：200 mL。

（7）容量瓶：1000 mL。

（8）筛：2 mm。

（9）滤纸：0.45 μm。

（10）pH 试纸。

（11）$CaCl_2$：分析纯。

（12）$Cu(NO_3)_2$：分析纯。

（13）HCl：分析纯。

（14）NaOH：分析纯。

(15) 95%乙醇：分析纯。

(16) 乙酸铵（CH_3COONH_4）：分析纯。

(17) 乙二胺四乙酸（EDTA）：分析纯。

(18) Na_2SO_4：分析纯。

(19) KCl：分析纯。

(20) 焦磷酸钠（0.1 mol/L）和氢氧化钠混合提取剂（0.1 mol/L）：称取44.6 g分析纯的焦磷酸钠（$NaP_2O_7 \cdot 10H_2O$）和4.0 g分析纯的氢氧化钠，加超纯水溶解后定容到1000 mL容量瓶中。

(21) NaOH溶液（0.5 mol/L）：称取20.0 g氢氧化钠溶解于一定量的超纯水，定容于1000 mL容量瓶中。

(22) 硫酸溶液（0.025 mol/L）：取1.39 mL浓硫酸溶于800 mL的超纯水，定容于1000 mL容量瓶中。

(23) 硫酸溶液（0.5 mol/L）：取27.8 mL浓硫酸溶于200 mL的超纯水，定容于1000 mL容量瓶中。

五、实验步骤

1. 土壤前处理

将已采集好并通过室温风干处理的三个不同来源的土壤样品中的碎石、植物根茎叶等杂物剔除，过2 mm筛。

2. 腐殖酸的提取和纯化

参考第三章“实验1　土壤/沉积物中腐殖质的提取与分级”提取和纯化腐殖酸，也可以采用商品化的腐殖酸样品进行实验。

3. 测定方法

(1) 腐殖酸对铜的吸附：称取一定量的每种来源的腐殖酸6份（每份做3个平行实验）于50 mL带刻度的离心管中，再加入0.01 mol/L的$CaCl_2$溶液，使腐殖酸的最后浓度约为3 g/L。再分别加入一定量的$Cu(NO_3)_2$溶液，使溶液中Cu^{2+}的浓度分别为1.0×10^{-5} mol/L、2.0×10^{-5} mol/L、4.0×10^{-5} mol/L、6.0×10^{-5} mol/L、8.0×10^{-5} mol/L、1.0×10^{-4} mol/L。调节各溶液至pH=5.5，定容至30 mL。置于摇床中连续振荡3 h，然后以5000 r/min转速离心15 min，过滤，用原子吸收分光光度计测定滤液中Cu^{2+}的浓度，根据吸附前后Cu^{2+}浓度的差值可计算出腐殖酸对其的饱和吸附量。

（2）铜的解吸量测定：①用95%乙醇洗涤上述过程的沉淀，以5000 r/min转速离心5 min，弃去上清液，此步骤重复3次。然后加入0.01 mol/L的$CaCl_2$和1.0 mol/L的CH_3COONH_4，调节溶液至pH=5.5，定容至30 mL。置于摇床中连续振荡1 h，然后以5000 r/min转速离心15 min，过滤，用原子吸收分光光度计测定滤液中Cu^{2+}的浓度。②用95%乙醇洗涤上述过程的沉淀，以5000 r/min的转速离心5 min，弃去上清液，重复3次，然后加入0.01 mol/L $CaCl_2$和0.01 mol/L的EDTA，调节溶液的pH=5.5，定容至30 mL。置于摇床中振荡1 h，然后以5000 r/min的转速离心15 min，过滤，用原子吸收分光光度计测定滤液中Cu^{2+}浓度。

六、数据处理

1. 计算各类腐殖酸在各Cu^{2+}浓度组的吸附率

$$吸附率=\frac{C(Cu^{2+})_T-C(Cu^{2+})_L}{C(Cu^{2+})_T}\times 100\% \tag{4-16}$$

式中　$C(Cu^{2+})_T$——各浓度组Cu^{2+}的总浓度，mol/L；

$C(Cu^{2+})_L$——滤液中Cu^{2+}的浓度，mol/L。

绘制吸附率-$C(Cu^{2+})_T$图，分析不同腐殖酸对Cu^{2+}的吸附规律及差异性。

2. 计算CH_3COONH_4对Cu^{2+}的解吸率

$$解吸率=\frac{解吸量}{吸附量}\times 100\% \tag{4-17}$$

3. 计算EDTA对Cu^{2+}的解吸率

计算公式为式（4-17），解吸量应为步骤（2）中①和②解吸量的和。

七、知识拓展

腐殖酸除了能够与金属离子发生络合反应之外，还有光敏剂的作用。腐殖酸在紫外线辐照后，不但自身会光解，它本身也成了一种光敏剂。腐殖酸的光敏化，是以腐殖酸作为光敏剂，将水体有机污染物降解处理的反应历程。上述两种特性决定了腐殖酸在土壤中对重金属的治理的重要性。

同一种腐殖酸对不同金属离子的吸附存在很大的差异，造成这种结果的原因一方面是金属离子本身的物化性质不同，例如化合价、原子量；另一方面则是与腐殖酸和重金属的络合方式有关。腐殖酸对高化合价、高原子量及低离子化的重金属离子有更好的吸附能力和离子交换能力。

八、思考题

(1) 试探究铜离子与腐殖酸结合的方式。

(2) 实验中为何先用乙酸铵解吸铜离子后又用EDTA解吸？

(3) 根据计算的 CH_3COONH_4 对 Cu^{2+} 的解吸率和EDTA对 Cu^{2+} 的解吸率，简要说明各腐殖酸出现这种差异的原因。

(4) 如何确定腐殖酸与 $Cu(NO_3)_2$ 溶液的固水比？

参考文献

[1] 陈盈，颜丽，关连珠，等．不同来源腐殖酸对铜吸附量和吸附机制的研究 [J]. 土壤通报，2006，37 (3)：479-481.

[2] 顾雪元，艾佛逊．环境化学实验 [M]. 南京：南京大学出版社，2012.

[3] 李光林，魏世强．腐殖酸对铜的吸附与解吸特征 [J]. 生态环境，2003，12 (1)：4-7.

实验6　苯酚在沉积物-水界面的吸附

一、实验背景

沉积物-水界面是污染物通过孔隙水进行沉积物与水之间物质交换的必要途径，它是一个具有三维尺度的边界“界面”，在沉积物-水界面会发生复杂的氧化还原反应以及各种物理化学、生物反应，比如，溶质的迁移转化、底栖生物的生命活动以及污染物的吸附与解吸等。水环境沉积物-水界面在地表水和地下水之间的污染物传输中起着关键作用，是地表水对地下水污染及底泥翻起和释放造成地表水二次污染的重要通道。

河流沉积物是许多污染物在环境中迁移转化的载体，沉积物对难降解的有机污染物的吸附行为是影响该污染物在环境中的移动性、挥发作用、生物有效性的重要因素。酚类化合物是有机化工工业的基本原料，在经济上具有重要意义。同时，由于酚类化合物的结构中存在氧原子，所以，大多数酚类化合物在水中具有相当高的溶解度，增强了酚类化合物迁移转化的能力，使它成为环境中主要的污染物之一。本实验选取苯酚为模型化合物，探讨沉积物对苯酚的吸附作用。对酚类化合物在沉积物与水间的界面行为的研究对于确立这些污染物的沉积物质量标准，进行长期危险性的评价以及水环境质量管理提供坚实的理论依据和科学的手段，对改善和控制我国的环境质量以及促进环境科学的发展均具有重要的理论和实际意义。

二、实验目的

（1）测定并比较两种沉积物对苯酚的吸附等温线，并计算吸附常数。

（2）了解水体中沉积物的环境化学意义及其净化水体作用。

三、实验原理

根据实验测定沉积物对一系列浓度的苯酚的吸附情况，计算平衡浓度和相应的吸附量，通过绘制吸附等温线，初步分析沉积物的吸附性能和机理。

本实验选用两种组分不同的沉积物作为吸附剂用于吸附水中的苯酚，测出吸附等温线后，用回归法求出它们对苯酚的吸附常数，比较它们对苯酚的吸附能力。

四、仪器与试剂

（1）恒温调速振荡器。

（2）高速自动离心机。

（3）高效液相色谱仪（HPLC），配可变波长紫外检测器。

（4）容量瓶，具塞锥形瓶：100 mL。

（5）沉积物样品：采集河道的表层沉积物，去除砂砾和植物残体等大物块，于室温下风干后，用瓷研钵捣碎，过 100 目（0.15 mm）筛，充分混匀，装瓶备用。

五、实验步骤

1. HPLC 分析条件

Spherex C18 色谱柱（5μm，4.6mm×250mm），V（乙腈）：V（乙醚）：V（超纯水）=12：10：78 配制成含 50 mmol/L 乙酸-乙酸钠缓冲液（pH=6.0）的混合溶液作流动相，流速 1.0 mL/min，检测波长 250 nm，进样量 25 μL。

2. 吸附批实验

准确称取一系列相同质量（0.1 g）沉积物样品置于 100 mL 具塞锥形瓶中，

各加入等量一定浓度的酚类化合物溶液，25 ℃恒温振荡，定时取样，静置后，3600 r/min 离心分离，上清液用 0.45 μm 滤膜过滤，分析苯酚浓度，确定其吸附平衡时间。

3. 吸附等温线测定

在若干 100 mL 具塞锥形瓶中，加入已知浓度的苯酚化合物溶液 50 mL 和 0.1 g 沉积物样品，加塞密封后，25 ℃恒温振荡，平衡 12 h，振荡后静置一夜，取上清液并在 3600 r/min 的转速下离心分离，用 0.45μm 滤膜过滤，测定溶液中酚类化合物浓度。

六、数据处理

平衡浓度 ρ_e 及吸附量按照下式计算：

$$\rho_e = \rho N \tag{4-18}$$

$$Q = \frac{(\rho_0 - \rho_e)V}{m} \tag{4-19}$$

式中 ρ_0——苯酚溶液的初始浓度，mg/L；

ρ_e——吸附平衡后的苯酚浓度，mg/L；

ρ——吸光度在工作曲线上查得的测量浓度，mg/L；

N——溶液的稀释倍数；

V——溶液体积，mL；

m——吸附实验中所加沉积物样品的质量，g；

Q——苯酚在沉积物样品上的吸附量，mg/kg。

利用平衡浓度和吸附量数据来绘制苯酚在沉积物上的吸附等温线。利用 *H* 型、*L* 型、*F* 型吸附等温方程对吸附数据进行拟合，比较两种沉积物的吸附能力。

七、知识拓展

苯酚是一种细胞原浆毒物，低浓度下可使细胞变性，高浓度时使蛋白质凝固，属于高毒类化合物。炼焦、煤气生产、炼油等行业所排废水中，污染物以苯酚为主。苯酚是一种重要的有机化工原料，是丙烯的重要衍生物之一，主要用于生产酚醛树脂、己内酰胺、双酚 A、己二酸、苯胺、烷基酚、水杨酸等。此外，还可以用作溶剂、试剂和消毒剂等，在合成纤维、合成橡胶、塑料、医药、农药、香料、染料以及涂料等方面具有广泛的用途。

美国环境保护署（EPA）制定的关于酚的标准指出，在酚浓度为 2.56 mg/L

的条件下，会对淡水水生生物产生慢性毒性，3.5 mg/L 是该类化合物对人体产生危害的限定浓度。0.3 mg/L 是保证河水不产生人们所不期望的味道的限定浓度。因此，苯酚一直是水质、食品、环境等检测的一个重要项目。

八、思考题

(1) 影响沉积物对苯酚吸附系数大小的因素有哪些?

(2) 哪种吸附方程更能准确描述沉积物对苯酚的吸附等温线?

(3) 沉积物对苯酚的吸附作用是多种作用力的综合结果，其中起主导作用的可能是哪些?

参考文献

[1] 董德明，花修艺，康春莉．环境化学实验 [M]. 北京：北京大学出版社，2010.

[2] 董德明，朱利中．环境化学实验 [M].2 版．北京：高等教育出版社，2009.

[3] 李元．环境科学实验教程 [M]. 北京：中国环境科学出版社，2007.

实验 7 重金属 Cu 在土壤颗粒物上的吸附

一、实验背景

土壤中的重金属污染主要来自工业废水、农药、污泥和大气降尘等。过量的重金属可引起植物的生理功能紊乱、营养失调。由于重金属不能被土壤中的微生物所降解，因此可在土壤中不断地积累，也可为植物所富集，并通过食物链危害人体健康。重金属在土壤中的迁移转化主要包括吸附作用、配位作用、沉淀溶解作用和氧化还原作用，其中又以吸附作用最为重要。

铜是一种植物生长所必不可少的微量营养元素，土壤 Cu 含量高于某一临界值就会对生物产生一定的毒性效应。土壤的 Cu 污染主要来自含 Cu 废水的农田灌溉、含 Cu 农药和肥料的施用、污泥的土地利用和大气颗粒物的沉降等。进入土壤中的 Cu 会被土壤中的黏土矿物微粒和有机质所吸附，这种吸附能力的大小将影响 Cu 在土壤中的迁移转化。因此，研究土壤对 Cu 的吸附作用及其影响因素具有非常重要的意义。土壤中 Cu 的浓度受到土壤对 Cu 吸附的控制。土壤对 Cu 的吸附-解吸是影响土壤系统中 Cu 的移动性和归宿的主要过程，影响植物养分和污染物的控制，影响 Cu 的植物有效性和在食物链中传递的程度等。因此研究土壤中 Cu 的吸附特征及 Cu 吸附的影响因素对预测 Cu 的环境效应具有一定的指导意义，同时为制定相关土壤环境标准，研究重金属在土壤中的迁移提供理论依据。

二、实验目的

（1）结合理论课的学习来巩固对吸附的有关认识。

（2）通过土壤对重金属的吸附实验，了解影响吸附作用的有关因素。

（3）通过实验验证 Freundlich 的经验公式，了解土壤-溶液界面上的吸附作用机理。

三、实验原理

吸附是重金属元素在土壤中积累的一个重要过程，是溶质由液相转移到固相的一个物理化学过程，它是一个动态平衡过程，在一定的温度条件下，当吸附达到平衡时，土壤对重金属吸附量与溶液中重金属平衡浓度之间的关系，可用吸附等温方程来表达，等温方程可以在一定程度上，描述溶质的吸附量与溶液中该溶质浓度的关系，反映了吸附剂与吸附质的特性；对于溶液中重金属离子的吸附，最常用的吸附等温方程为 Langmuir 方程和 Freundlich 方程。重金属元素在土壤中的吸附行为十分复杂，受到许多因素的影响，本实验仅从土壤组成和溶液的 pH 值两个方面来讨论土壤对铜的吸附，用 Freundlich 吸附方程进行描述。

四、仪器与试剂

（1）电子天平。

（2）恒温振荡器。

（3）原子吸收分光光度计。

（4）高速离心机。

（5）酸度计。

（6）塑料离心管：100 mL。

（7）移液管、烧杯、容量瓶等。

（8）铜标准储备溶液（10.00 mg/mL）：准确称取 0.5000 g 金属铜

(99.9%)，用 30 mL 硝酸（1∶1）溶解，用超纯水定容至 50 mL。

（9）铜标准溶液（100 mg/L）：移取 2.50 mL 铜标准储备溶液（10.00 mg/mL）于 250 mL 的容量瓶中，用超纯水定容。

（10）氯化钙溶液（0.01 mol/L）：称取 1.5 g $CaCl_2 \cdot 2H_2O$ 溶于 1000 mL 二次水中。

（11）HCl 溶液（1.0 moL/L）。

（12）NaOH 溶液（1.0 moL/L）。

（13）腐殖酸：分析纯。

（14）土壤样品：1 号样品，采集的土壤样品风干后，研磨并过 100 目筛后备用；2 号样品，将 1 号样品和腐殖酸按 10∶1 的比例研磨并充分混合，过 100 目筛后备用。

五、实验步骤

1. 溶液配制

分别移取 0.00 mL、0.50 mL、1.00 mL、2.00 mL、3.00 mL、4.00 mL 1000 mg/L 的铜标准储备溶液于 250 mL 容量瓶中，加入 0.01 mol/L 的氯化钙溶液稀释定容，并调节 pH 值为 2.5，得到浓度梯度分别为 0.00 mg/L、20.00 mg/L、40.00 mg/L、80.00 mg/L、120.00 mg/L、160.00 mg/L 的铜系列溶液。用同样的方法配制 pH 值为 5.5 的铜系列溶液。

2. 标准曲线绘制

分别移取 0.00 mL、0.50 mL、1.00 mL、1.50 mL、2.00 mL 以及 2.50 mL 的 100 mg/L 铜标准溶液于 50 mL 容量瓶中，再分别加入 5.0 mL 的 1 moL/L HCl 溶液，用超纯水定容，其浓度分别为 0.00 mg/L、1.00 mg/L、2.00 mg/L、3.00 mg/L、4.00 mg/L、5.00 mg/L。在原子吸收分光光度计上测定其吸光度，绘出标准曲线。

3. 吸附平衡时间确定

（1）分别称取 0.25 g 的 1、2 号土壤样品各 6 份置于 100 mL 洗净干燥的塑料离心管中。

（2）向每份样品中分别加入 50.00 mL 实验步骤 1 中配制的铜溶液（pH＝2.5，40.00 mg/L）。

（3）将上述样品置于振荡器上，在室温条件下连续振荡，分别在振荡 0.5 h、

1.0 h、1.5 h、2.0 h、2.5 h、3.0 h 后取出，然后立即以 3000 r/min 的速度离心 10 min，取 2.50 mL 上清液于 25 mL 容量瓶中，加入 2.5 mL 1 mol/L HCl 溶液，用超纯水定容后，再用原子吸收分光光度计进行测定，得到不同吸附时间下溶液中铜的浓度，根据实验数据绘图以确定达到吸附平衡时所需的时间。

(4) 按照 (1) ～ (3) 的步骤确定 pH=5.5 时的平衡时间。

4. 土壤对铜吸附量的测定

(1) 分别称取 0.25 g（精确至 1 mg）的 1、2 号土壤样品各 12 份于 100 mL 离心管中。

(2) 向离心管中分别加入 50.00 mL pH 值为 2.5 和 5.5，浓度梯度为 0.00 mg/L、20.00 mg/L、40.00 mg/L、80.00 mg/L、120.00 mg/L、160.00 mg/L 的铜溶液，将上述样品置于振荡器上，在室温条件下连续振荡达到平衡（根据步骤 3 确定）。

(3) 吸附达到平衡后，将离心管取下并置于离心机上，以 3000 r/min 的转速离心 10 min，取 10 mL 上清液，用原子吸收分光光度计测定吸附平衡后各试样的浓度。

(4) 用 pH 计测定各离心管中剩余溶液的 pH 值。

六、数据处理

1. 铜的标准曲线

波长为 324.8 nm，记录原子吸收分光光度计测定条件，包括狭缝长度、灯电流、燃烧器高度、火焰条件等。

记录不同浓度标准溶液的吸光度，绘制标准曲线，并拟合回归曲线。

2. 平衡时间的确定

记录 pH 值为 2.5 和 5.5 条件下的不同时间浓度变化，绘制动力学曲线，确定吸附平衡时间。

3. 吸附平衡结果与计算

(1) 土壤对铜的吸附量按照下式计算：

$$Q=\frac{(C_0-C)\times V}{1000\times m} \tag{4-20}$$

式中 Q——土壤对铜的吸附量，mg/g；

C_0——溶液中铜的起始浓度，mg/L；

C——溶液中铜的平衡浓度，mg/L；

V——溶液的体积，mL；

m——风干土样质量，g。

由此方程可计算出不同平衡浓度下土壤对铜的吸附量。

(2) 土壤对铜的吸附等温线

以吸附量（Q）对浓度（C）作图即可获得室温下不同 pH 值条件下土壤对铜的吸附等温线，采用 F 型吸附等温线进行拟合。

七、知识拓展

在土壤中的铜可分为作物可以吸收利用的（包括水溶性盐及能转入稀酸中的代换性铜）与作物难以吸收利用的（包括难溶性铜以及铜的有机化合物）两大类。它们在一定条件下可互相转化。影响这种转化的主要因素为有机质、黏土矿物的性质、pH 值和氧化还原条件。

有机质多的泥炭土和沼泽土，铜与腐殖质形成稳定的络合物而降低有效性，这种土壤常会出现缺铜。土壤 pH 值对铜的固定也产生很大的影响，$pH>4.5$ 时，铜以氢氧化铜、磷酸铜或碳酸铜的形态沉淀。淹水情况下，土壤还原条件增强，铜的有效性增大。

八、思考题

(1) 影响土壤对重金属吸附的因素有哪些？

(2) 从本实验得到的结果看，不同 pH 值和理化性质的土壤样品的吸附有何不同？原因是什么？

(3) 土壤对铜的吸附作用可能有哪些？

参考文献

[1] 韩春梅，王林山，巩宗强，等．土壤中重金属形态分析及其环境学意义[J]. 生态学杂志，2005，24 (12)：1499-1502.

[2] 李学恒．土壤化学 [M]. 北京：高等教育出版社，2001.

[3] 龙新宪，杨肖娥，倪吾钟．重金属污染土壤修复技术研究的现状与展望[J]. 应用生态学报，2002，13 (6)：757-762.

[4] 王胜利，张俊华，刘金鹏，等．土壤吸附铜离子的研究进展 [J]. 土壤，2007，39 (2)：209-215.

[5] 吴峰．环境化学实验 [M]．武汉：武汉大学出版社，2014.

实验 8　沉积物中磺胺甲噁唑的厌氧降解

一、实验背景

磺胺类抗生素（sulfonamides，SAs）是一类人工合成的、具有广谱抗菌效果的药物，它们被广泛地应用于人类医疗、畜牧养殖和水产养殖等行业。磺胺类药物被服用后，会以代谢物形式排入自然环境。很多国家的土壤、地表水、沉积物甚至底栖生物体内都能检测到此类药物存在，会影响到生态系统的良性循环，并最终危害人类健康。

磺胺类药物在环境中降解较慢，研究其降解转化规律有助于环境风险评估。磺胺甲噁唑（SMX）是最常用的磺胺类药物，本实验以沉积物中 SMX 为研究对象，在厌氧条件下研究 SMX 的降解转化。

二、实验目的

（1）研究磺胺甲噁唑在沉积物中的厌氧降解迁移转化规律。

（2）为厌氧环境下沉积物中磺胺甲噁唑降解机制及效能研究提供实验支撑。

三、实验原理

厌氧降解 SMX 在活性污泥和自然环境中均有发现，活性污泥中厌氧降解 SMX 主要降解机制是生物降解作用，SMX 被活性污泥的快速吸附作用固定在固相后被缓慢厌氧降解。

厌氧条件下 SMX 降解主要发生在异噁唑环的开环上，即 N—O 键的断裂，这是一个较易攻击的位点，目前多数研究认为 N—O 键断裂是由氢离子/电子同时攻击 N 和 O 导致的断键行为，厌氧条件下 SMX 的稳定的中间产物主要是 SMX 结构中异噁唑开环后产生的，羟基化作用在好氧和厌氧条件下均可发生，多发生在以 O_2 为终端电子受体条件下，侧链的氨基化主要是异噁唑环的酰胺键（S—N 键）断裂过程中产生一对电子，使得断裂的异噁唑中的 NH—基团被高极性的强吸电子能力的 C—S 吸引进而胺化。厌氧条件下胺化作用主要发生在 N—O 键断裂之后形成侧链片段。SMX 的断键方式如图 4-1 所示。

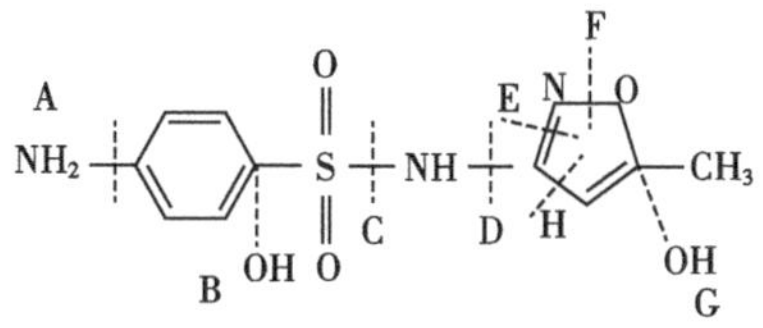

图 4-1　SMX 的断键方式

（A：N—C 键断裂；B：羟基化作用；C：S—N 键断裂；D：N—C 键断裂；
E：双键断裂；F：N—O 键断裂；G：羟基化作用；H：C—C 键断裂）

四、仪器与试剂

（1）高效液相色谱仪（HPLC）：带紫外检测器。

（2）固相萃取装置。

（3）数控恒温水浴氮吹仪。

（4）固相萃取柱（HLB）。

（5）聚丙烯离心管：50 mL。

（6）小离心管 6 支。

（7）磺胺甲噁唑。

（8）甲醇：色谱纯。

（9）乙腈：色谱纯。

（10）乙二胺四乙酸二钠（EDTA-2Na）：优级纯。

（11）磷酸盐缓冲液。

（12）0.45 μm 尼龙膜，0.22 μm 滤膜。

五、实验步骤

1. 样品采集

实验室提供近地流域的沉积物。沉积物经冷冻干燥、挑拣剔除动植物残体及沙石，研磨过 60 目（0.3 mm）筛后备用。

2. 降解实验

称取 5.00 g 沉积物，加入含有 5 mL 去离子水的 50 mL 聚丙烯离心管中，随后向其中加入一定体积的 SMX 标准溶液，使沉积物中 SMX 含量为 10 mg/kg。将制备的悬浊液振荡混匀。

实验为厌氧避光组。实验室温度保持 25 ℃。厌氧组将样品置入充满氮气的

Glove bag 中以达到厌氧效果。实验过程中，适时向样品中补充去离子水，保持1∶1的水土质量比。分别在降解的第0、1、3、5、7、10、15、25、40、55天取样分析。实验组重复3次。

3. 沉积物中SMX残留浓度分析

向装有沉积物的离心管中加入0.4 g乙二胺四乙酸二钠（EDTA-2Na)、5 mL乙腈和5 mL磷酸盐缓冲液，旋涡振荡10 min，超声10 min，8000 r/min离心10 min并收集上清液。重复提取3次，合并提取液，经0.45 μm尼龙膜过滤后，加去离子水稀释至250 mL。用H_2SO_4（3 mol/L）调节pH值到3左右，经过HLB柱富集净化。分别以10%、20%甲醇溶液5 mL淋洗杂质，再真空抽干HLB柱，用5 mL甲醇淋洗，收集淋出液，氮吹至近干并以甲醇定容至1 mL，通过针式滤器过0.22 μm滤膜后待测。

采用HPLC进行测试，条件如下。柱温：保持在30 ℃；流动相：35%的甲醇和65%的水（含0.1%的甲酸）；流速：0.2 mL/min；洗脱方式：等度洗脱；进样量：10 μL；SMX的保留时间：3.61 min；检测波长：240 nm。

六、数据处理

根据不同时间检测沉积物中厌氧组SMX的残留浓度，绘制SMX浓度随时间的变化曲线。根据厌氧组SMX浓度随时间的变化曲线分析SMX在沉积物中的厌氧降解过程。SMX在沉积物中的降解常用一级反应动力学方程式来描述，即：

$$C = C_0 e^{-kt} \tag{4-21}$$

$$t_{1/2} = \frac{\ln 2}{k} \tag{4-22}$$

式中 C_0——污染物在沉积物中的初始浓度，mg/kg；

C——t时刻沉积物中污染物的残留量，mg/kg；

k——污染物在沉积物中的降解速率常数，d^{-1}；

t——降解反应时间，d；

$t_{1/2}$——污染物降解半衰期，d。

七、知识拓展

研究表明，厌氧降解SMX的去除率取决于污泥停留时间、外加碳源、电子受体浓度以及微生物种群和处理技术。厌氧活性污泥系统具有高的SMX去除率，在实验室规模的厌氧降解SMX中，间歇式反应器SMX去除率的范围为 22%～100%，在厌氧硫酸盐还原菌污泥系统中去除 SMX 遵循伪零级动力学，降解速率为（13.2±0.1）mg/（L·d）。相关研究表明 SMX 在厌氧条件下有较高水平的生物降解率。蔗糖、碳酸氢钠、硫酸钠和硝酸钠电子受体均能促进红树沉积物中 SMX 厌氧降解。随着水力停留时间（HRT）的增加，SMX 去除效率提高，当 HRT 保持在 24 h 时，SMX 的降解率达到 75%。厌氧条件下的 SMX 的生物降解也可以通过添加易生物降解的额外碳源实现，随着外源性化学需氧量（COD）的增加，SMX 去除效率得到提高，SMX 去除率与 COD 去除率呈正相关，表明在厌氧条件下 SMX 通过共代谢机制降解，有研究发现外加碳源时，SMX 去除效率减弱。

八、思考题

（1）试分析能影响沉积物中 SMX 降解的原因有哪些？

（2）高效液相色谱仪（HPLC）在使用时有哪些注意事项？

参考文献

[1] Yang C W，Li L T，Chang B V. Anaerobic degradation of sulfamethoxazole in mangrove sediments [J]. Science of the Total Environment，2018，643：1446-1455.

[2] 钟振兴，张远，徐建，等．磺胺甲噁唑在沉积物中的降解行为研究 [J]. 农业环境科学学报，2012，31（4）：819-825.

[3] 巫杨，陈东辉，Smith L，等．磺胺甲噁唑和甲氧苄氨嘧啶在土壤中的好氧降解及对微生物呼吸的影响 [J]. 环境化学，2011，30（12）：2015-2021.

实验 9 除草剂在土壤中的移动性评价

一、实验背景

除草剂又称除莠剂，可以抑制植物的新陈代谢，导致田间的杂草植株矮小或死亡，有效控制田间杂草，提高农作物的产量和品质。而土壤作为作物生长的基础，为除草剂的迁移转化提供介质。但是除草剂的长期使用也会使得杂草出现抗药性，一方面会使杂草的生长无法控制，另一方面，喷洒的除草剂会被土壤截留，直接或间接地破坏土壤结构和肥力、污染地下水、导致农作物减产、危害人体健康等。因此，分析除草剂在土壤中的迁移转化过程和机制，对于控制和预防除草剂对土壤及环境的污染有重要意义。

2,4-D 丁酯是广泛使用的低毒除草剂，其对兔急性口服半数致死量（LD_{50}）为 700 mg/kg，气温达到 15 ℃就挥发成气态，具有内吸传导作用，可以在土壤中吸附和移动。目前，2,4-D 丁酯的检测方法有 LC、GC、气相色谱-火焰离子化法、气相色谱-电子捕获检测法、气相色谱-质谱法等。本实验中以 2,4-D 丁酯除草剂为目标物设计其在土壤中的移动性实验。

二、实验目的

（1）了解除草剂在土壤中的迁移转化机制。

（2）掌握用土壤薄层色谱法和土柱淋溶法对除草剂在土壤中的移动特性的评价方法。

三、实验原理

除草剂随着渗透水而进入土壤，并且随着土壤垂直剖面向下运动，与土壤颗粒间形成吸附-解吸行为，研究其移动特性一般采用薄层色谱法和土柱淋溶法。

薄层色谱（TLC）法是把吸附剂和支持剂均匀涂布在玻璃或塑料板上形成薄层后进行色层分离的分析方法。将不同种类的化合物分离后，根据分离的各组分的 R_f 值或荧光特性可确定各组分的种类。根据斑点的面积，配合薄层扫描仪可测定各组分含量。供试农药在土壤中的移动性能评价，可根据表 4-2 将农药在土壤中的移动性能划分为五级。

表 4-2 农药在土壤中的移动性能分级

移动性分级	TLC-R_f 值范围	级别
极易移动	0.9～1.00	Ⅴ级
可移动	0.65～0.89	Ⅳ级
中等移动	0.35～0.64	Ⅲ级
不易移动	0.10～0.34	Ⅱ级
不移动	0.00～0.09	Ⅰ级

土柱淋溶法是将除草剂置于土柱的表层，模拟一定的降水量，降雨结束后测定每段土柱中除草剂的存在水平，从而总结除草剂在土壤中的分布规律。

四、仪器与试剂

（1）气相色谱-质谱仪。

（2）高速离心机。

（3）平板玻璃：20 cm×7.5 cm。

（4）展开缸。

（5）涂布器。

（6）具塞锥形瓶：100 mL。

（7）移液管：10 mL。

（8）研磨器。

（9）不锈钢筛：60 目。

（10）离心管：50 mL。

（11）容量瓶：100 mL，500 mL。

（12）玻璃棒。

（13）玻璃层析柱。

（14）可拆分的不锈钢土壤淋溶柱：内径 3.46 cm，每节长 1.5 cm，共 14 节，柱长 21 cm；有机玻璃土壤淋溶柱：长 100 cm，内径 10.54 cm，共 2 节，柱长 2 m；由铁桶制成的土壤淋溶柱：长 160 cm，内径 55 cm。

（15）2,4-D 丁酯：分析纯。

（16）石油醚：色谱纯。

（17）甲醇：色谱纯。

（18）乙腈：色谱纯。

（19）无水硫酸钠：分析纯。

（20）弗罗里硅土。

（21）活性炭。

（22）中性氧化铝。

（23）乙醚：分析纯。

（24）丙酮：分析纯。

（25）氯化钙：分析纯。

（26）HCl 溶液（1 mol/L）：用量筒量取 43 mL 质量分数为 36%的盐酸倒入烧杯，用蒸馏水溶解后用玻璃棒引流注入 500 mL 容量瓶，并洗涤烧杯，后定容至刻度线。

(27) NaOH 溶液（10 mol/L）：称取 40 g 氢氧化钠固体于烧杯中，溶解后用玻璃棒引流注入 100 mL 容量瓶，并洗涤烧杯，后定容至刻度线。

五、实验步骤

1. 薄层色谱法

(1) 薄层制备：称取 10 g 土壤（过 60 目筛）于玻璃板上，置于烧杯内加适量水调成稀泥浆（加水量视不同质地土壤而定，以利于涂布为度）然后用涂布器或徒手涂布于玻璃板上，土层厚度约 0.5～0.8 mm，室温干燥（对于黏性土不宜置于烘箱干燥，否则会造成龟裂而影响展开）。制备好的薄板应没有断层和较大裂痕。

(2) 上样：采用直接点样的方法，供试药液浓度及比放射性要适当，避免点样次数过多而破坏原点表面，本实验所用样品为有机溶剂配制成的浓度为 10 mg/mL 的 2,4-D 丁酯，直接点样，样品在板下端 2.0 cm 处，待有机溶剂挥发完毕，进行展开。文献介绍当样量在 0.5～400 mg/kg 范围，R_f 值有较小的改变。

(3) 展开：将土壤薄层置于大口径的展开缸内进行。室温下以蒸馏水作为展开剂，鉴于土壤薄板下端浸水后发生脱落，板的倾斜度要适当，本实验将薄板倾斜度调整为 30°，为了保持一致，用有机玻璃制成底架置于展开缸内，板端淹水 0.5 cm 左右，展开剂（水）到达前沿时即取出。当蒸馏水展开剂到达前沿 18 cm 左右取出，于室温下干燥，按 1.7 cm 的间距分段刮下薄层土壤，并按顺序编号。

(4) 检测（显斑）：对土壤薄板的检测一般有三种方法，即放射自显影法、放射性层析扫描和溶剂萃取。本实验选用放射自显影法。即将展开干燥后的土壤薄板借助医用 X 光片进行自显影，经 3～5 天“曝光”（“曝光”时间视样量而定）冲洗后即可使斑点显出，根据斑点的深浅、大小及斑点上端的 R_f 值，借以观察农药在土壤薄板上的移动情况，以 R_f 值的大小进行不同农药间移动性能的比较。

2. 土柱淋溶法

(1) 水不饱和土壤淋溶柱的制备：供试土壤（过 2mm 筛）加 6%～10%的水，混匀，取少量粗沙置于柱底部，逐层填装供试土壤，压实，并防止管壁出现沟流。上层加少量的沙子，再加两层滤纸，并用少量沙子压住滤纸，计算土容重。

(2) 水饱和土壤淋溶柱的制备：在上述的土壤淋溶柱填装好后，由土柱上端添加 1 cm 厚的石英砂，同时加入 0.01 mol/L 的氯化钙水溶液至土壤饱和持水量的 60%，夹紧柱底部的皮管，再按步骤（3）操作。

（3）2,4-D 丁酯在土壤柱上的淋溶：①将 2,4-D 丁酯配成一定浓度的甲醇溶液，按需求量在土壤柱的顶部加入一定量的 2,4-D 丁酯溶液。用 160 cm×55 cm 的大柱进行实验，在已加入 2,4-D 丁酯的甲醇溶液中加入一定量的水，以使 2,4-D 丁酯能在土壤表层均匀分布。为便于观察实验现象，可以加入过量的 2,4-D 丁酯。②开始淋溶，淋溶时保持土壤柱垂直，利用虹吸原理滴加蒸馏水。用 0.01 mol/L 的氯化钙溶液以 30 mL/h 的速率淋溶，记录淋溶水量和淋溶时间。在 160 cm×55 cm 的大柱进行实验时，定时注入一定量的水，直加至所需要的淋溶水量为止。③淋洗完毕后将不锈钢土壤柱分段拆下，取出每一节的土壤，均匀切成 10 段，经风干后测定除草剂含量。对于有机玻璃土壤柱则可按所需要的位置，从取样孔中取样。大柱取样时，在上层采用剖面法、在下层采用取样孔法取样。

（4）淋溶液中 2,4-D 丁酯的测定：①2,4-D 丁酯的萃取。称取土壤样品 10.00 g，先用乙腈 20.0 mL 超声提取 10 min，再加入 3.6 g 氯化钠，超声提取 10 min，过滤，取 10.0 mL 滤液，80 ℃水浴中氮气吹至近干，用 1 mL 丙酮溶解。用带有砂芯垫的直径 12 mm、长 20 cm 玻璃层析柱，依次装 0.5 cm 无水硫酸钠、1 cm 弗罗里硅土、0.5 cm 活性炭、1 cm 中性氧化铝、0.5 cm 无水硫酸钠，先以 5 mL 乙醚/丙酮（1∶1，体积比）混合溶液预洗层析柱，再将样品的丙酮液转移至层析柱上进行净化洗脱，N_2 浓缩至 0.5 mL，进行气相色谱-质谱定性定量分析。②淋溶液中 2,4-D 丁酯的测定。色谱柱为 DB-5MS（30 m×0.25 mm×0.25 μm）；起始温度 80 ℃，以 8℃/min 升至 250 ℃，保持 20 min；载气为高纯氦气；流量 1 mL/min；进样口温度 250 ℃；不分流进样，进样量 1 μL；质谱扫描方式选择离子监测（SIM）方式。质谱条件为电子轰击（EI）离子源；电子能量 70 eV；离子源温度 250 ℃；传输线温度 280 ℃；溶剂延迟时间 4 min。

六、数据处理

在以蒸馏水为展开剂时，农药在土壤薄板上的展开呈带状分布。以下两种方法均可以求得农药在土壤薄板上迁移的 R_f 值。

2,4-D 丁酯在薄板上的平均移动距离（Z_p）与溶剂前沿（Z_w）的比值，即：

$$Z_p = \frac{\sum_l^i Z_i M_i}{\sum_l^i M_i} \tag{4-23}$$

$$R_f = \frac{Z_p}{Z_w} = \frac{\sum_l^i Z_i M_i}{Z_w \sum_l^i M_i} \tag{4-24}$$

式中 i——土壤薄板分割段数；

Z_i——第 i 段到原点的平均距离，cm；

M_i——第 i 段 2,4-D 丁酯的含量，μg。

R_f 也可以用 2,4-D 丁酯含量最高区段的中心作为 2,4-D 丁酯的斑点中心（Z_c）来计算，即：

$$R_f = \frac{Z_c}{Z_w} \tag{4-25}$$

七、知识拓展

土壤薄层色谱法样品用量少，分析速度较快，设备简单。分离过程中混合物的各种成分没有改变，分离后可将不易确认的组分转移进行其他检验，可作为一种处理不同种类的大量样品时迅速筛选的方法。

虽然除草剂在一定程度上提高了农业经济产量，增加了农业经济收入，但单一地采用除草剂控制杂草存在局限性及不可持续性。因此，如何提高除草剂的利用率，增加除草剂的防除效果，减轻对环境的危害，研制一批高效、低毒、安全、经济的除草剂，甚至探索开发一种集生态效益、社会效益、经济效益于一体的可持续杂草管控模式是必然的发展趋势。

八、思考题

(1) 试分析实验研究的除草剂在土壤中的分布规律。

(2) 试分析影响除草剂在土壤中移动性的因素。

(3) 农药的极性与其移动性的关系如何？

参考文献

[1] Helling C S, Turer B C. Pesticide mobility determination by soil thin-layer chromatography [J]. Science, 1968, 162: 562-563.

[2] 曹舰艇，孟德臣，关法春，等．玉米田除草剂在农田土壤生态系统内的迁移过程与机制 [J]. 高原农业，2018，1 (1)：26-33，39.

[3] 陈祖义，王勋良，米春云，等．应用土壤薄层层析放射自显影法研究农药在土壤中的移动 [J]. 土壤学报，1964，12 (1)：98-105.

[4] 顾雪元，艾佛逊．环境化学实验 [M]. 南京：南京大学出版社，2012.

[5] 孔德洋，许静，韩志华，等．七种农药在 3 种不同类型土壤中的吸附及淋溶特性 [J]. 农药学学报，2012，14 (5)：545-550.

[6] 曹艳平，谢力，杨剑影．气相色谱-质谱法测定韭菜中的 2,4-D 丁酯 [J]. 质谱学报，2006，27 (1)：33-35.

[7] 徐玲英，何红梅，张昌朋，等．薄层层析法研究溴嘧氯草醚 (SIOC0426) 的土壤移动特性 [J]. 现代农药，2021，20 (3)：30-32，48.

实验 10 重金属 Pb 和 Cd 在土壤-植物体系中迁移和累积

一、实验背景

随着人类活动的加剧，越来越多的重金属进入土壤，进入土壤的重金属可以被植物吸收进入食物链，不同植物从土壤中吸收迁移重金属的能力明显不同，相同植物对不同重金属的转移能力也不一致。典型重金属元素 Cd 很容易被植物吸收，然而土壤酸化与重金属污染共存叠加，会引起土壤 Cd 更强的迁移性，相应地提高农作物等植物对 Cd 的吸收累积。重金属元素 Pb 的迁移性相对较弱，不易被植物吸收。土壤中存在有害重金属并不意味着土壤一定被污染，当重金属含量超过土壤可忍受的浓度时，并对人畜产生危害时才被认为土壤存在重金属污染。土壤中的重金属污染物一般具有长期性、隐蔽性、难降解等特性，可以在土壤中不断积累，最终威胁人体健康。因此，阐明土壤-植物体系重金属的迁移转化机制，一方面对于理解和降低农作物如小麦、大麦和水稻对重金属的吸收、转运和储存具有重大作用，另一方面有助于提高土壤重金属污染超积累植物修复效果。

二、实验目的

(1) 了解评价重金属在植物体内富集能力的方法。

(2) 掌握原子吸收分光光度法的原理。

(3) 掌握重金属 Pb 和 Cd 在土壤-植物体系中的迁移和累积规律。

三、实验原理

本实验是对小麦幼苗根、茎、叶以及土壤中 Cd 和 Pb 的浓度进行测定。消化采用湿法消化，将 Cd 和 Pb 的金属形态转化为可溶态，而后用原子吸收分光光度法测定上述两种重金属元素的浓度。原子吸收分光光度法是利用被测元素基态原子蒸气对其共振辐射线的吸收特性进行元素定量分析的方法。常用的定量方法为标准曲线法和标准加入法。原子吸收分光光度法对土壤样品重金属含量的测定优势非常明显，不仅分析速度快，灵敏度高，而且便于操作。

四、仪器与试剂

(1) 原子吸收分光光度计：火焰/石墨炉一体化设备。

(2) 电热板。

(3) 高型烧杯：50 mL。

(4) 表面皿：12 个。

(5) 比色管：10 mL×12。

(6) 容量瓶：100 mL×6。

(7) 硝酸：优级纯。

(8) 盐酸：优级纯。

(9) 高氯酸：优级纯。

(10) 金属标准储备液（1.00 mg/mL）：准确称取 1.000 g 光谱纯金属 Cd 和 Pb，用适量 1∶1 硝酸溶解，必要时加热，冷却后用水定容至 1000 mL，即得标准储备液，封装于密闭塑料瓶中可长期保存。

(11) 混合标准溶液（10 mg/L，100 mg/L）：分别吸取 1 mL、10 mL 金属 Cd、Pb 标准储备液，用 1%稀硝酸溶解定容至 100 mL，即得混合标准溶液。

(12) 土壤样品的制备：可选用有重金属污染的土壤，风干后剔除草根、石块等杂质，过 3 mm 筛后，加入蒸馏水使之饱和但无自由水。加入 N、P、K 基肥（每千克土壤加入 0.4 g NH_4NO_3、0.2 g KH_2PO_4 和 0.25 g KH_2PO_4），搅拌均匀后，加盖表面皿平衡。3 天后再次风干磨细备用。或选择干净无污染的土壤，风干后剔除草根、石块等杂质，过 3 mm 筛。称取 1 kg 土壤于 1 L 烧杯中，在另一个 500 mL 烧杯中分别加入 100 mL 的 Pb 标准储备液和 1.0 mL 的 Cd 标准储备液，同时加入 N、P、K 基肥（配比同上），混匀后倒入土壤中，搅拌均匀后加盖表面皿放置 3 天左右使其平衡，再风干磨碎备用。此土壤中所含有的外加金属 Cd、Pb 的浓度分别为 1 mg/kg、100 mg/kg。

五、实验步骤

1. 幼苗的培养

幼苗培养在实验开始前两个月参照文献报道完成，生长期为30天，之后收获幼苗。将已准备好的小麦幼苗的茎叶部分称取鲜重后，先使用自来水冲洗，后用去离子水进行同样的操作。小麦根的清洗过程同上，冲洗干净后，吸去多余水分并称取鲜重。同时收集土样，植物样与土样于70 ℃烘箱中烘干。

2. 土样的消解

烘干的土样重新磨碎过80目筛，混匀后准确称取0.200 g土样置于高型烧杯中，加水少许润湿，加入10 mL王水［$HCl:HNO_3=3:1$（体积比）］，加盖表面皿，在室温下浸泡12 h。然后在电热板上小火加热保持微沸，间歇摇动烧杯，待有机物消解完全后，加2 mL高氯酸，加热至冒白烟，注意不要出现棕色结块。若出现棕色结块，则加入少量王水溶解，强火加热，出现白色或黄色结晶，若颜色较深，可加入少量王水继续消化至符合要求。至近干时，去盖，用少量亚沸水冲洗盖子，水直接进入烧杯，蒸至全干，趁热加入5 mL的HNO_3溶液（1%），转入10 mL比色管定容。同时做试剂空白。

3. 植物样的消解

准确称取烘干的0.500 g叶、0.200 g根于50 mL高型烧杯中，加入10 mL浓硝酸、1 mL高氯酸，在室温下浸泡12 h。然后在电热板上小火加热3 h左右，间歇摇动烧杯，保持红烟出现，少量小气泡生成。然后开始微沸蒸至冒白烟，不断摇动烧杯，至近干时，去盖，用少量亚沸水冲洗盖子，水直接进入烧杯，蒸至全干，出现白色或黄色结晶。趁热加入5 mL的HNO_3溶液（1%），转入10 mL比色管定容。同时做试剂空白。

4. Cd和Pb吸光度标准曲线的绘制

分别向6只100 mL容量瓶中加入0 mL、0.50 mL、1.00 mL、3.00 mL、5.00 mL、10.00 mL混合标准溶液，用1%硝酸稀释定容。测定标准系列的吸光度，绘制标准曲线。原子吸收分光光度计的测定条件如下：对于Pb和Cd而言，测定波长分别为283.3 nm和228.8 nm，通带宽度均为0.2 nm，火焰类型均为乙炔-空气，检测范围分别为0.2～10 mg/L和0.05～1.0 mg/L。

5. 植物及土样中金属含量的测定

按照与标准系列相同步骤测定空白样和试样的吸光度，记录数据。扣除空白值后，从标准曲线上查出试样中的Pb/Cd浓度。如试样中Pb/Cd浓度超出标准曲线，需要稀释试样后再测定。

六、数据处理

由测定所得吸光度，分别从标准曲线上查得被测试液中Pb/Cd的浓度，根据下式计算出样品中被测元素的含量：

$$C_{Pb/Cd}=CV/m \tag{4-26}$$

式中 $C_{Pb/Cd}$——样品中Pb/Cd浓度，mg/kg；

C——测定的溶液浓度，mg/L；

V——定容体积，mL；

m——称取烘干土壤样品的质量，g。

土壤Pb/Cd的富集系数按下式进行计算：

富集系数＝植物中Pb/Cd含量(mg/kg)/土壤中Pb/Cd含量(mg/kg) (4-27)

七、知识拓展

土壤中的重金属有向根际土壤迁移的趋势，且根际土壤中重金属的有效态含量高于土体，主要是由根际生理活动引起根-土壤界面微区环境变化而导致的，可能与植物根系的特性和分泌物有关。

国内外对重金属污染土壤的修复治理已有不少相关研究，目前主要的修复技术有：①物理修复，即改土法，但该法容易造成土壤肥力和生产力的降低，甚至产生“二次污染”。②生物修复，是利用微生物或植物的生命代谢活动，对土壤中的重金属进行富集或提取，通过生物作用改变重金属在土壤中的化学形态，使重金属固定或解毒，降低其在土壤环境中的移动性和生物可利用性，其包括植物修复和微生物修复。植物修复重金属污染的同时也增加了土壤有机质含量和土壤肥力，地表植被覆盖的增加有利于生态环境的改善，因此，如何利用生物技术培育新的超积累植物已成为植物修复研究的一个热点。③化学修复，就是利用一些改良剂，与污染土壤中的重金属发生化学反应。④农艺技术修复，是因地制宜地改变一些耕作管理制度来减轻重金属的危害，在污染土壤上种植不进入食物链的植物。

八、思考题

(1) 影响重金属在土壤-植物体系中迁移的因素有哪些？

(2) 比较Pb和Cd在土壤-植物体系中迁移和积累的异同。

（3）分析土壤重金属在植物体内的富集特征。

参考文献

[1] 顾雪元，艾佛逊．环境化学实验 [M]. 南京：南京大学出版社，2012.

[2] 钟松雄，李晓敏，李芳柏．镉同位素分馏在土壤-植物体系中的研究进展 [J]. 土壤学报，2021，58（4）：825-836.

实验 11　有机氯农药在土壤中的降解与残留测定

一、实验背景

农药是用于预防、消灭或控制危害农林业的病虫害和其他有害生物，以及有目的地调控植物和昆虫生长的化合物，主要包括杀菌剂、杀虫剂和除草剂三大类，是一类非常重要的靶标化合物。常见农药可分为有机氯、有机磷、拟除虫菊酯类、氨基甲酸酯类等。世界范围内农药所避免和挽回的农业病、虫、草害损失占粮食产量的 1/3，在提高农业产量和品质方面起到了很大的作用，在现代农业中被广泛使用。但同时要认识到，农田中施用的农药量仅有 30%左右附着在农作物上，70%左右扩散到土壤和大气中，其中约 50%～60%残留在土壤中。中国是一个主要的农业生产国，有机氯农药是 20 世纪 60 年代至 80 年代中国生产和使用的主要农药产品。因为它们持续存在、远距离迁移、生物积累以及对人类和野生动物的潜在毒性影响而受到广泛关注。尽管自 1983 年以来，中国已正式禁止或限制使用六氯环己二烯和滴滴涕，但因它们的持久性在我国许多地区的土壤中仍能检测到残留量。农药在土壤中的环境行为，包括吸附-解吸、分配、挥发、淋溶、生物及化学降解、光降解等。一般而言，农药在土壤中越难以迁移和降解，其残留时间就越长，对环境的潜在威胁就越高。从环境保护的角度来看，各种化学农药的残留期越短越好；但从植物保护的角度来看，如果残留期太短，就起不到理想的杀虫、治病等效果。因此，综合评价有机氯农药在土壤中的降解和残留性，对土壤中农药污染的防治及开发新型农药均具有重要的参考价值。

二、实验目的

（1）了解土壤中有机氯农药的环境化学行为。

（2）掌握土壤样品中有机氯农药残留分析的预处理方法。

（3）掌握土壤中有机氯农药残留量的测定原理和方法。

（4）了解农药的环境风险评价方法。

三、实验原理

土壤中农药含量往往较低，一般在毫克每千克（mg/kg）至微克每千克（μg/kg）的范围内，有的甚至只有纳克每千克（ng/kg）。测定农药残留在土壤中的含量，一般的步骤是选择合适的有机溶剂经提取、净化、浓缩后，最后用气相色谱或液相色谱法定量检测。

提取剂应根据“相似相溶”原理，选择与待测农药极性相似的溶剂。溶剂应不与样品发生作用，毒性低，且价格便宜。一般常用的提取剂包括水、丙酮、二氯甲烷、环己烷、石油醚等。提取的方法包括振荡萃取法、索氏提取法、超声提取法（ultrasonic extraction，UE）、加速溶剂提取法（accelerated solvent extraction，ASE）、微波萃取法（microwave assisted extraction，MAE）、超临界流体萃取法（supercritical fluid extraction，SFE）等。索氏提取法是经典方法，提取效果好，但提取时间长，干扰物质多。超声提取法可常温常压下提取，耗能少，效率高。加速溶剂提取法是近年发展起来的技术，它在密闭容器内，高温高压的条件下对样品进行萃取，具有提取速度快、萃取溶剂少、重现性好、萃取效果好、易于实现自动化或半自动化的优点，缺点是提取设备价格较高。微波辅助提取利用微波来强化溶剂提取效率，以达到使被分析物从固体或半固体的样品中分离出来的目的。特点是快速，节省溶剂，适用于易挥发的物质，可同时进行多个样品的提取，溶剂的用量少，结果重现性好。超临界流体萃取利用超临界流体在临界压力和临界温度以上具有的特异增加的溶解性能，从液体或固体基体提取出特定成分，以达到提取分离的目的。常用的超临界流体有 CO_2、NH_3、乙烯、乙烷、丙烯、丙烷和水等。其中 CO_2 因密度大、溶解能力强、传递速率高而应用最广。SFE 能够提取土壤中以结合态形式存在的农药，这是其他提取方法所做不到的。

净化是将样品中待测农药与干扰杂质分离，常用的分离方法是柱色谱法，即利用吸附剂对待测农药和干扰杂质吸附能力不同进行净化的方法，常用的吸附剂包括硅藻土、氧化铝、硅胶、活性炭。目前市场上也有现成的小型层析柱可供选择，如 C_{18} 柱、弗罗里硅土柱等。其他净化方法还包括磺化法、冷冻法、凝结沉淀法等。

浓缩是将大体积的提取溶剂减少，使待测组分浓度升高的步骤。常见的浓缩方法有旋转蒸发法、K-D 浓缩法、氮吹法。其中旋转浓缩是实验室中常见的浓缩方法，利用低压条件使低沸点的溶剂快速挥发。当溶剂量较少时，可采用氮吹法，利用高纯氮气将溶剂吹干。

除此之外，还有固相微萃取法（solid phase microextraction，SPME），SPME 是近年来在固相萃取的基础上发展起来的一项新型的无溶剂前处理技术，集采样、萃取、浓缩、进样于一体，主要与气相色谱或液相色谱联用。与其他技术相比，SPME 可进一步完成取样、萃取和浓缩等操作，具有操作简便、快速、易于实现自动化等特点，已广泛用于各类样品的提取。

农药的检测方法常见的有气相色谱（GC）法、液相色谱（HPLC）法、气-质联用（GC-MS）、液-质联用（HPLC-MS）、酶联免疫和同位素标记等方法。其中，气相色谱法和液相色谱法是最普遍的农残检测方法。

本实验以有机氯农药的检测为例，采用超声提取法，净化后利用旋转蒸发法浓缩，最后用带电子捕获检测器的气相色谱（GC-ECD）进行检测。教师可根据实验室条件，对操作步骤进行调整。

四、仪器和试剂

（1）气相色谱仪：带 ECD 检测器，配 HP 色谱工作站。

（2）超声波清洗器。

（3）旋转浓缩仪。

（4）氮吹仪。

（5）高速离心机。

（6）具塞锥形瓶：250 mL。

（7）烧杯：4 L。

（8）西林瓶：50 mL。

（9）容量瓶：5 mL。

（10）有机溶剂：正己烷、丙酮、二氯甲烷（色谱纯或分析纯）。

（11）无水硫酸钠：分析纯。

（12）中性硅胶（80～100 目）：分析纯。使用前 180 ℃下活化 12 h，再加入 3%（质量分数）蒸馏水，去活化后放置于干燥器中备用。

（13）硅胶氧化铝柱：采用正己烷湿法装柱，柱直径为 1 cm，长度为 25 cm。

（14）有机氯农药标样（50.0 μg/mL）：使用前稀释，用正己烷稀释到 1.0 ng/μL 备用。

（15）*o*,*p*′-DDT（98.6%）、*o*,*p*′-DDD（100%）。

（16）哌嗪-1,4-二乙磺酸缓冲液（pH=7）。

五、实验步骤

1. 样品采集与处理

样品采集：选择无污染土壤，在采样前先去除地表砾石及动植物残体，采用五点法进行采样，将五点土样混合均匀，然后用四分法去除多余土样，每个土样采集大约 2000 g。

土壤样品的处理：土壤样品在室温下风干，除去草根、石块等杂物，研磨成粉末，过 80 目筛，称取土壤 1500 g 于 4 L 大烧杯中，将 450 μL 上述有机氯农药标样加入适量正己烷中，混匀，正己烷的体积取决于土样的体积。然后将此溶液倒入已称好的土壤里，保持液面在土样上面 2 cm 左右，置于通风橱中风干，再混匀，则此土样为含各个有机氯农药浓度为 15.0 μg/kg 的土样。

2. 降解实验

(1) 厌氧体系降解实验：在 50 mL 的西林瓶中进行。称取土壤样品 2 g（以干土计），加入 20 mL pH＝7.0 的哌嗪-1,4-二乙磺酸缓冲液，充氮气 30 min 排净体系中的氧气，加入 25 μL *o*,*p*′-DDT 或 *o*,*p*′-DDD（母液浓度为 2 g/L，溶剂为丙酮），然后用橡胶塞压紧，并立即用铝盖密封。样品置于生化培养箱中在 30 ℃下避光静置培养，取样时间点为 0 d、3 d、7 d、14 d、21 d，每个时间点取 3 个重复样。

(2) 好氧体系降解实验：在托盘中进行。取部分鲜土冷冻干燥，研磨后过 100 目筛，然后加入 500 μL *o*,*p*′-DDT 或 *o*,*p*′-DDD（母液浓度为 2 g/L，溶剂为丙酮），待丙酮挥发后混匀，然后再加入适量鲜土混匀后平铺在托盘上，土样总质量约 40 g（以干土计），然后放入人工气候培养箱培养，培养温度 30 ℃，湿度 90%～95%，每隔 7 d 取 3 份 2 g（以干土计）土样进行分析。

3. 有机氯农药分析

(1) 标准曲线的绘制：分别吸取 0.1 mL、0.5 mL、1.0 mL、1.5 mL、2.0 mL、2.5 mL 的 1.0 ng/ μL 有机氯农药标样于 5 mL 容量瓶中，用正己烷定容，即得到 20 ng/mL、100 ng/mL、200 ng/mL、300 ng/mL、400 ng/mL、500 ng/mL 的系列浓度。待用 GC-ECD 测出各标样峰高（峰面积）。

(2) 样品前处理：①提取。准确称取 10 g 土样于 250 mL 具塞锥形瓶中，加入 200 mL 丙酮/正己烷（1∶1，体积比），置于超声清洗器中超声提取 1.5 h。

为防止水温升高，每15 min换水。然后以1600 r/min的速度离心15 min后，用25 mL丙酮/正己烷再超声提取一次。离心后合并提取液，上旋转浓缩仪旋蒸至1 mL后再加入10mL正己烷，浓缩至1～2 mL以转换溶剂。②净化。提取液用去活化的硅胶柱进一步分离净化。净化柱为长25 cm、内径1 cm的玻璃柱，依次装入玻璃棉，6 g去活化硅胶，2 cm无水硫酸钠。放入样品后分别用80 mL正己烷、35 mL二氯甲烷/正己烷（3∶7，体积比）的混合液淋洗，淋洗速度3 mL/min，弃去前10 mL淋出液，收集之后的淋出液。将淋出液浓缩为约1 mL后转移至安瓿瓶，用少量正己烷荡洗浓缩瓶三次，荡洗液转入安瓿瓶中，用柔和高纯氮气将样品吹至近干，用正己烷定容至200 μL。每组做两个平行，加一个试剂空白，一个回收率空白。

（3）分析条件：定量分析方法为外标法。气相色谱柱为DB-5毛细管色谱柱（30 m×0.25 mm×0.25 μm）。进样口温度为280 ℃。检测器为电子捕获检测器。载气为高纯氮气（99.99%），流速为1.0 mL/min。进样体积为1 μL，无分流手动进样。色谱升温程序为初始温度50 ℃，保持2 min，以10 ℃/min升到180 ℃，然后15 ℃/min升到280 ℃，保持25 min，得到色谱图。

六、数据处理

用GC-ECD测出各标样峰高（峰面积），以标样峰高（峰面积）对浓度作线性拟合，得到标准曲线。如待测样品的峰高（峰面积）超过了标准曲线范围，可适当稀释。根据标准曲线确定各成分在土壤中的含量。根据各成分在土壤中的浓度，试分析有机氯农药在土壤中的降解过程及原因。

七、知识拓展

农药在土壤环境中的主要迁移转化过程包括吸附-解吸、分配、淋溶、挥发、降解等。农药在土壤中滞留除与农药本身的性质有关外，很大程度上还受土壤的物理化学性质、生物、气候等因素影响，比如土壤的水分含量、土壤对农药的吸附力、土壤孔隙度、土壤温度等。农药可被土壤的黏土矿物及土壤有机质吸附，主要吸附机理包括表面络合、离子交换、氢键、范德华力、疏水结合、共价键等。一般而言，如果农药能被强烈地吸附，则它们容易滞留在土壤固相中，不易进一步对周围环境造成危害；反之则易发生迁移，如被淋溶进地下水而造成污染。

农药在土壤中的主要降解途径之一是水解，包括单分子亲核取代反应、双分子亲核取代反应及亲核加成-消去反应。水解的部位通常都在酯键、卤素、醚键和酰胺键上，大多数农药都含有可发生水解的功能基团，如卤代脂肪烃类、环氧化合物类、酯类、酰胺类及脲类等，它们可以在水环境中通过水解反应生成相应的代谢产物，也可在动植物体内或微生物作用下进行水解反应，代谢产物一般都已失去毒性。

农药在土壤中降解的另一主要过程是微生物的作用。通过几十年的研究工作，科研人员已经分离得到一批能降解或转化某种农药的微生物。已报道能降解农药的微生物有细菌、真菌、放线菌、藻类等，细菌由于生化上的多种适应能力以及容易诱发突变菌株而占据主要地位。一般来说，在自然生态系统中，许多因素都能对农药的生物降解过程产生影响，如土壤有机质、土壤温度等都能影响微生物对农药的利用，农药浓度较高时会对土壤微生物的代谢活动和酶活性产生影响。

土壤表面的光解作用是农药的另一个重要降解途径。土壤中的农药可能发生两种类型的光降解，一种是农药直接吸收太阳光能进行转化，即直接光降解；另一种为非直接光降解或光敏化降解，主要的反应有氧化反应、环氧化反应、羟基化反应、脂解反应、异构化反应和脱卤素作用等。在自然条件下，一些不易发生生物降解的农药却可能易于发生光降解，如DDT在290～310 nm紫外光的照射下可转化为DDE和DDD，DDE还可进一步光解。在农药光解的初期阶段，农药分子分裂成不稳定的自由基，它可与其他农药等反应物分子发生连锁反应，因而光解对于土壤中农药的降解有重要作用。

目前对土壤中农药降解的研究主要集中在降解速率等指标，对降解机理的研究还不深入。大多数研究局限于一种或几种降解机制，而在自然条件下，农药降解往往是多种机理共同作用的结果，在这方面的研究尚不多见。

八、思考题

(1) 检测有机氯农药的预处理步骤包括哪些？提取过程中应注意哪些问题？

(2) 影响有机氯农药在土壤中降解和残留的因素有哪些？

(3) 简述GC-ECD分析有机氯农药的测定原理。除此之外还有哪些分析方法？

参考文献

［1］陈敏，陈莉，黄平．乌鲁木齐地区土壤中有机氯农药残留特征及来源分析［J］．中国环境科学，2014，34（7）：1838-1846.

［2］戴树桂．环境化学［M］．北京：高等教育出版社，2006.

［3］董冀川，杨琼．气相色谱法同时分析测定土壤中15种有机氯农药残留［J］．中国环境监测，2009，25（4）：7-10.

［4］江锦花．环境化学实验［M］．北京：化学工业出版社，2011.

［5］李顺鹏，蒋建东．农药污染土壤的微生物修复研究进展［J］．土壤，2004，36（6）：577-583.

［6］刘维屏．农药环境化学［M］．北京：化学工业出版社，2006.

［7］周小龙，于焕云，徐悦华，等．土壤中两种手性有机氯农药的选择性降解研究［J］．生态环境学报，2014，23（7）：1210-1216.

实验12　室内空气中多环芳烃的测定

一、实验背景

空气动力学直径小于10 μm的可吸入颗粒物（PM_{10}）和小于2.5 μm的细颗粒物（$PM_{2.5}$）中含有大量的有机物，种类多达数百种。这些有机污染物吸附在颗粒物中，随呼吸进入人体，对健康造成威胁。其中的多环芳烃（PAHs），因其具有持久性和致癌、致畸、致突变的“三致”作用而受到广泛关注。PAHs是最早发现的致癌有机物，是一类重要的持久性有机污染物。PAHs在环境中虽然是微量的，却广泛存在于大气、水、土壤等环境中，严重危害了人体健康和生态环境。PAHs性质稳定，在大气中较少发生转化，因而其组成、含量与污染源有很强的相关性。

人们绝大部分时间在室内生活或工作。一方面室外空气中的PAHs会进入室内；另一方面室内本身也有不少PAHs的污染源，如抽烟、采暖、烹调等。因此，室内空气PAHs污染往往比室外更严重，对人体健康有很大的影响。因此对室内空气中PAHs进行监测，对于正确评价其对人体健康的影响有着非常重要的卫生学意义。

二、实验目的

（1）掌握室内空气中气态、颗粒态 PAHs 样品采集、提取、分析方法。

（2）掌握气相色谱-质谱联用仪的测定原理及使用方法。

（3）分析评价室内空气中 PAHs 的浓度水平及形态分布。

三、实验原理

室内空气中 PAHs 的污染现状分析包括样品的采集、前处理及浓度测定。本实验用 XAD-2 和玻璃纤维滤膜分别采集室内空气中气态、颗粒态 PAHs；用二氯甲烷作萃取剂，超声提取样品中的 PAHs，氮气吹干浓缩样品中的 PAHs；采用气相色谱-质谱联用法测定样品中痕量 PAHs 的峰高或峰面积，以内标法进行定量。通过测定分析，评价室内空气中 PAHs 的污染水平及形态分布。

四、仪器与试剂

（1）气相色谱-质谱（GC-MS）联用仪。

（2）小体积气体采样泵。

（3）超声清洗器。

（4）电动离心机。

（5）比色管：10 mL，25 mL。

（6）离心管：10 mL。

（7）移液管：10 mL，25 mL。

（8）采样管：自制。

（9）XAD-2：用甲醇在 65 ℃下恒温回流洗净至无 PAHs。

（10）玻璃纤维滤膜：直径 25 mm，使用前用二氯甲烷洗净。

（11）过滤器：0.22 μm。

（12）色谱柱。

（13）HP5-MS 毛细管色谱柱：30 m×0.25 mm×0.25 μm。

（14）密封膜。

（15）PAHs 标准储备液：芴、菲、蒽、1-甲基芘、芘、荧蒽、苯并［*a*］芘、䓛均为 200 μg/mL。

（16）PAHs 标准工作液：根据 GC-MS 的灵敏度及样品的浓度配制。

（17）二氯甲烷、乙腈：分析纯，经重蒸、0.22 μm 过滤器过滤后使用。

（18）甲醇：色谱纯，使用前经 0.22 μm 过滤器过滤，超声脱气。

（19）二甲基亚砜：分析纯。

（20）正己烷：色谱纯。

（21）高纯氮气。

（22）重蒸水：使用前经 0.22 μm 过滤器过滤，超声脱气。

五、实验步骤

1. 样品采集

选取三个学生寝室作为采样点：一号点设在吸烟的学生寝室；二号点设在不吸烟的学生寝室；三号点设在寝室外的窗台上（关闭门窗）。

依次在玻璃采样管中放入塑料垫圈、金属网、2.0 g 的 XAD-2、海绵、0.5 g 的 XAD-2、金属网，压牢；把玻璃纤维滤膜放入采样头中用垫圈密封好；用乳胶管把采样头、采样管连接起来（见图 4-2）。采用低噪声、小体积采样泵同时采集气态、颗粒态 PAHs，即分别用 25 mm 玻璃纤维滤膜、XAD-2 采集气态、颗粒态 PAHs；采集时间为 24 h，流量为 0.50 L/min，采样泵的高度为离地面 1.5 m。

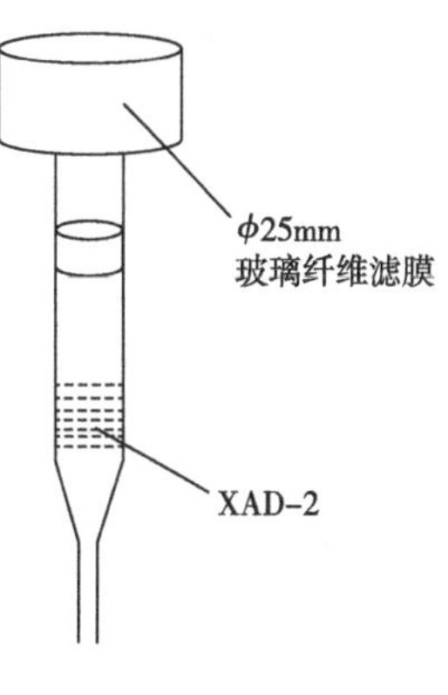

图 4-2 采样装置图

2. 样品前处理

（1）气态 PAHs：采样后的 XAD-2 转移至 20 mL 二氯甲烷和乙腈的混合液（体积比为 3∶2）中，超声提取 30 min，移取 10 mL 上清液至 10 mL 试管中，加入 30 μL 二甲基亚砜，用高纯氮气吹干浓缩，加入 970 μL 正己烷稀释至 1.0 mL。经 0.22 μm 过滤器过滤，然后用 GC-MS 进行分析。

（2）颗粒态 PAHs：采样后的玻璃纤维滤膜剪碎后加入 10 mL 二氯甲烷，超声提取 20 min，离心分离，取 5 mL 上清液至 10 mL 试管中，加入 30 μL 二甲基亚砜，用高纯氮气吹干浓缩，加入 970 μL 正己烷稀释至 1.0 mL。经 0.22 μm 过滤器过滤，然后用 GC-MS 进行分析。

（3）标准曲线绘制：取适量多环芳烃标准使用液于正己烷中，配制浓度分别为 0.4 mg/L、1.0 mg/L、2.0 mg/L、4.0 mg/L、10.0 mg/L 的标准溶液，每 1.0 mL 标准溶液准确加入 10 μL 内标溶液，然后用 GC-MS 进行分析。以峰高

（或峰面积）为纵坐标，PAHs 浓度为横坐标，绘制每一种多环芳烃的标准曲线。

3. 样品分析

色谱柱：HP5-MS 毛细管柱（30 m×0.25 mm×0.25 μm）。

载气：氦气，流速为 1.5 mL/min。

程序升温条件：60 ℃（3 min）$\xrightarrow{5\ ℃/\text{min}}$190 ℃$\xrightarrow{10\ ℃/\text{min}}$290 ℃（5 min）

进样量：1.00 μL，不分流进样。

进样口温度：280 ℃。

四级杆、离子源和界面的温度：分别为 150 ℃、230 ℃和 250 ℃。

轰击电压：70 eV。

六、数据处理

按各 PAHs 的回归方程（以峰高或峰面积定量）计算室内空气中气态、颗粒态 PAHs 浓度和总 PAHs 浓度，气、固两态所占的比例，及各 PAHs 在总量中所占的比例。

七、知识拓展

近年来，终生致癌风险（ILCR）已广泛应用于定量评估环境多环芳烃对人类的致癌潜力。ILCR 模型与基于毒性等效因子（TEF）的毒性等效方法一起应用。假设人体可通过三种途径接触室内灰尘或颗粒物中的多环芳烃，即吸入、粉尘摄入和皮肤吸收。用于估算这三种暴露途径的 ILCR 的方程式如下：

$$CS=\sum(C_i\times TEF_i) \tag{4-28}$$

$$ILCR_{ing}=CSF_{ing}\times\sqrt[3]{\frac{BW}{70}}\times\frac{CS\times IR_{ing}\times(EF\times ED\times10^{-6})}{BW\times AT} \tag{4-29}$$

$$ILCR_{derm}=CSF_{derm}\times\sqrt[3]{\frac{BW}{70}}\times\frac{CS\times(SA\times AF)\times(EF\times ED\times10^{-6})\times ABS}{BW\times AT} \tag{4-30}$$

$$ILCR_{inh}=CSF_{inh}\times\sqrt[3]{\frac{BW}{70}}\times\frac{CS\times\left(\frac{IR_{inh}}{PEF}\right)\times(EF\times ED)}{BW\times AT} \tag{4-31}$$

$$ILCR_s=\sum(ILCR_{ing}+ILCR_{derm}+ILCR_{inh}) \tag{4-32}$$

式中　C_i——室内灰尘中单个多环芳烃的平均浓度，ng/g；

TEF_i——给定多环芳烃相对于 B*a*P 的毒性当量因子，无量纲；

CS——基于 TEFs 的多环芳烃浓度，ng/g；

BW——体重，kg；

ED——暴露持续时间，a；

EF——暴露频率，d/a；

IR_{inh}——吸入速率，m^3/d；

IR_{ing}——灰尘摄入率，mg/d；

SA——皮肤暴露的表面积，cm^2；

AF——皮肤黏附因子，mg/cm^2；

ABS——真皮吸附分数，无量纲；

PEF——颗粒含量，m^3/kg；

AT——平均寿命，d；

CSF——致癌斜率因子，（kg·d）/mg，其中，CSF_{derm}、CSF_{ing} 和 CSF_{inh} 分别为 25（kg·d）/mg、7.3（kg·d）/mg 和 3.85（kg·d）/mg；

$ILCR_{ing}$、$ILCR_{derm}$ 和 $ILCR_{inh}$——通过粉尘摄入途径、皮肤接触途径和吸入途径导致的致癌风险；

$ILCR_s$——三种途径产生的总致癌风险。

八、思考题

（1）根据实验数据分析，室内空气中 PAHs 的污染程度如何？说明 PAHs 主要来源。

（2）试分析影响室内空气中 PAHs 存在形态的主要因素。

参考文献

[1] Chuang J C，Kuhlman M R，Wilson N K. Evaluation of methods for simultaneous collection and determination of nicotin and polynuclear aromatic hydrocarbons in indoor air [J]. Environmental Science & Technology，1990，24（5）：661-665.

[2] Peltonen K，Kuljukka T. Air sampling and analysis of polycyclic aro-

matic hydrocarbons [J]. Journal of Chromatography A, 1995, 710 (1): 93-108.

[3] 董德明，朱利中．环境化学实验 [M]. 2 版．北京：高等教育出版社，2009.

实验 13　利用 GC-MS 测定地表水中多环芳烃

一、实验背景

多环芳烃（PAHs）具有毒性大、分布广等特点，是对人体威胁最大的环境致癌物之一。无论空气、水体、土壤和生物等无不受到 PAHs 的污染。据报道，癌症与饮用地表水呈正相关关系。由于地下水不同程度地受到地表水的污染，所以研究水体中 PAHs 的来源、分布、存在状态、转移规律和分析手段等，已成为环境工作者的重要课题。

本实验采用气相色谱-质谱（GC-MS）联用仪对地表水中 PAHs 进行分析。

二、实验目的

（1）掌握 GC-MS 法测定地表水中多环芳烃类化合物的方法。

（2）分析多环芳烃类化合物在地表水中的污染状况等。

三、实验原理

1. GC-MS 的原理

GC-MS 利用气相色谱作为质谱的进样系统，使复杂的化学组分得到分离；利用质谱仪作为检测器进行定性和定量分析，主要是用于定性定量分析沸点较低、热稳定性好的化合物。

供试品经 GC 分离为单一组分，按其不同的保留时间，与载气同时流出色谱柱，经过分子分离器接口除去载气，保留组分进入 MS 仪离子源被离子化，样品组分转变为离子，经分析检测，记录为 MS 图。GC-MS 中气相色谱仪相当于质谱仪的进样系统，而质谱仪则是气相色谱的检测器，通过接口将二者有机结合。

2. GC-MS 的优点

色谱法高效分离和定量分析简便，质谱分析具有灵敏度高、定性能力强等特点，可以检测出几乎全部的化合物，准确测定分子量，确定化合物的化学式和分子结构，并且灵敏度极高。

GC-MS联用仪和气相色谱仪相比的优点：①其定性参数增加，定性可靠；②它是一种高灵敏度的通用型检测器；③可同时对多种化合物进行测定而不受基质干扰；④定量精度较高；⑤日常维护方便。

四、仪器与试剂

（1）超声波清洗仪。

（2）旋涡混合器。

（3）电热鼓风干燥箱。

（4）氮吹仪。

（5）固相萃取装置。

（6）K-D浓缩器。

（7）气相色谱-质谱（GC-MS）联用仪。

（8）毛细管柱：30.0 m×0.25 mm，0.25 μm。

（9）Oasis C_{18} 型固相萃取柱：500 mg/6 mL。

（10）GHP膜针头过滤器：0.2 μm。

（11）玻璃滤膜：直径142 mm，孔径0.45 μm。

（12）高纯氮气：纯度99.9%。

（13）高纯氦气：纯度99.999%。

（14）六甲基苯：色谱纯。

（15）甲醇：色谱纯。

（16）二氯甲烷：色谱纯。

（17）正己烷：色谱纯。

（18）重铬酸钾溶液。

（19）PAHs标准曲线溶液：浓度水平分别为0 ng/mL、5 ng/mL、10 ng/mL、20 ng/mL、50 ng/mL、100 ng/mL、200 ng/mL、500 ng/mL，内标浓度为100 ng/mL。

五、实验步骤

1. 样品采集与保存

在指定河流设置若干个采样点，采样并贴好标签。采用重铬酸钾溶液浸洗干净且用当地水样润洗三遍后的棕色玻璃瓶采集样品，采集完成密封后运回实验室（储存条件：4 ℃以下），24 h 内分析完毕。每批水样应至少采集一个现场空白样，并采集约 10%的现场平行样。

2. 样品前处理

（1）样品过滤：采集水样放置到 25 ℃时过滤，收集滤出液 2 L。

（2）滤出液富集：活化（10 mL 二氯甲烷、10 mL 甲醇和 10 mL 高纯水）C_{18} 固相萃取柱并严格控制流速（2～3 mL/min）。活化完成后，将滤出液通过大容量采样器导入固相萃取柱。导入过程中控制流速不超过 5 mL/min。样品导入完成后，用 6 mL 高纯水冲洗固相萃取柱，并继续在真空条件下抽 1 h，直至完全去除固相萃取柱中的水分。

（3）洗脱固相萃取柱：用 10 mL 二氯甲烷洗脱固相萃取柱，控制洗脱速率在 0.5～2 mL/min，并收集洗脱液于 K-D 浓缩器。

（4）洗脱液氮吹：使用高纯氮气将洗脱液吹至约 500 μL，加入 20 μL 六甲基苯（10 μg/mL），最终于 K-D 浓缩器中用二氯甲烷定容至 1 mL。旋涡混合均匀后过膜（ 0.22 μm），并转移至进样瓶，待 GC-MS 分析。

3. 分析条件

色谱柱：30 m×0.25 mm，0.4 μm。
进样口温度：280 ℃。
载气：高纯氦气（99.999%）。
流速：1.5 mL/min。
进样量：1.00 μL，不分流进样。
程序升温条件：初始温度 80 ℃保留 0 min，以 20 ℃/min 升温到 185 ℃，再以 6 ℃/min 升温到 260 ℃，最后以 10 ℃/min 升温到 295 ℃，保留时间 3 min。

配制一系列不同浓度的 PAHs 标准溶液，采用六甲基苯做内标，测定其响应强度。采用同样分析方法，对处理后的地表水样品进行分析。

六、数据处理

根据内标法的基本原理拟合标准曲线，并计算地表水样品中 PAHs 的浓度。

七、知识拓展

研究多环芳烃的浓度、分布和来源是为了更好地进行生态风险评价。生态风险评价方法如下。

1. 商值法

商值法是一种简单的风险表征方法，只能用于初级水平的风险评价，是对风险水平的粗略估计，其计算存在着不确定性。危害商值（HQ）的计算方法如式（4-33）：

$$HQ=暴露浓度/TRV \tag{4-33}$$

式（4-33）中，暴露浓度是指实际监测浓度；TRV表示生态基准值（毒性参考值）。将环境监测浓度与生态基准值相比，计算得到不同多环芳烃的危害商值。其比值大于等于1时，说明该物质存在潜在的生态风险，比值越大潜在风险越大；比值小于1，说明该物质生态风险相对较小。

2. 联合概率风险评价

联合概率曲线是概率风险定量评价最常用的方法之一。具体操作步骤为：首先暴露浓度数据和毒性数据相结合从而得到双概率线；其次对纵轴进行概率变换，对横轴进行对数变换，得到线性化的概率分布；最后在线性化概率分布的基础上，通过拟合回归模型生成联合概率分布曲线（JPC）。联合概率分布曲线上的特定点既可以表示所选择的物种处于危险中的概率，也表示超过效应水平的概率。得到的联合概率曲线越接近于坐标轴，表明受到目标污染物危害的生物量越少，生态风险概率越小。

八、思考题

（1）在地表水中PAHs的测定过程中如何保证实验质量？

（2）影响GC-MS测定PAHs的因素有哪些？

（3）用SPSS软件对所有PAHs数据进行主成分分析。将PAHs的成分矩阵作为自变量，PAHs总浓度作为因变量进行多元线性回归。通过多元回归模型定量计算出每种定性来源贡献率，分析地表水中PAHs的来源。

参考文献

[1] Liu Y，Bu Q W，Cao H M，et al. Polycyclic aromatic hydrocarbons in surface water from Wuhai and Lingwu Sections of the Yellow River：Concentrations，sources，and ecological risk [J]. Journal of Chemistry，2020，2020：8458257.

[2] 吕爱娟，沈加林，沈小明．固相萃取-高效液相色谱法测定地下水中多环芳烃的技术研究 [J]. 中国环境监测，2009，25（4）：19-22.

[3] 张明，唐访良，徐建芬，等．超高效液相色谱法测定地表水中多环芳烃实验分析测量不确定度评定 [J]. 环境科学导刊，2012，31（5）：122-127.

实验 14　地表水中磺胺甲噁唑的分析测定

一、实验背景

抗生素，包括喹诺酮类（QNs）、磺胺类（SAs）和大环内酯类（MCs），被广泛用于治疗人类和动物的传染病。其中一些也被广泛用作水产养殖、农业和畜牧业的生长促进剂。然而，许多抗生素不能被完全吸收或代谢，而且有相当一部分已经被释放到环境中。抗生素作为一种新兴的环境污染物，由于其对生态系统的不良影响而受到越来越多的关注。

磺胺类药物作为一类广谱抗生素，可用于细菌性感染疾病的预防和治疗。磺胺类药物被大量使用后，主要以代谢产物的形式随粪尿排出体外，通过多种途径进入土壤、河水、地表水甚至饮用水中，造成环境污染。环境介质中抗生素药物的分布、迁移、代谢及其毒性已经成为环境科学研究人员关注的热点之一。本实验以磺胺甲噁唑（SMX）为代表，分析其在地表水中的存在水平。

二、实验目的

（1）掌握高效液相色谱-串联质谱（HPLC-MS/MS）的使用。

（2）分析地表水中 SMX 的浓度水平。

三、实验原理

采用固相萃取（SPE）方式对水样中的 SMX 进行富集，采用 HPLC-MS/MS 进行分析测定。

四、仪器与试剂

（1）固相萃取真空装置。

（2）HPLC-MS/MS：岛津 LC-30AD×2 输液泵，DGU-20A5 在线脱气机，SIL-30AC 自动进样器，CTO-30A 柱温箱，CBM-20A 系统控制器，LCMS-8040 三重四极杆质谱仪，LabSolutions 色谱工作站。

（3）超声波清洗仪。

（4）氮吹仪。

（5）旋涡混合器。

（6）Oasis HLB 型固相萃取柱：500 mg/6 mL。

（7）GHP 膜针头过滤器：0.2 μm。

（8）玻璃滤膜：直径 142 mm，孔径 0.45 μm。

（9）磺胺甲噁唑：分析纯。

（10）甲醇、乙腈、甲酸：色谱纯。

五、实验步骤

1. 样品采集

地表水由实验室在就近地河流采集，采集后的地表水样品保存于棕色玻璃瓶中，充满至溢流后，盖上用锡纸包裹的磨口瓶塞，再用锡纸包裹瓶口。采集后的样品应尽快进行前处理，若不能及时分析，于 4 ℃条件下冷藏不超过 48 h。

2. 样品前处理

水样采集运回实验室后经 0.45 μm 玻璃纤维滤膜过滤。准确量取两份 1000 mL 子样品，分别用盐酸或氨水调节 pH 值至 7.0，采用 HLB（500 mg/6 mL）固相萃取柱对水样中的目标物进行富集。固相萃取柱使用前，依次采用 8 mL 甲醇、8 mL 高纯水进行活化。活化完成后，以小于 5 mL/min 的流速将水样通过萃取柱。上样完成后，用 6 mL 的高纯水淋洗 HLB 柱，抽真空干燥 30 min 以去除残余水分。富集中性水样的 HLB 柱用 8 mL 甲醇洗脱，洗脱液收集于 K-D 浓缩器中，用柔和高纯氮气吹至近干，加入 1.0 mL 高纯水定容，涡旋混合后经 GHP 膜针式过滤器过滤，置于 4 ℃冰箱内避光保存，待 HPLC-MS/MS 分析。

3. 分析测试

标准溶液的配制：准确称取 20 mg 的 SMX 标准品于 20 mL 色谱标样存储瓶中，用乙腈稀释定容至 20 mL，此时标准品储备液浓度均为 1 mg/mL。准确移取 10 μL 的标准品储备溶液至色谱标样存储瓶，用乙腈稀释配制 1 μg/mL 的 SMX 工作溶液。

采用 SMX 标准工作液绘制标准曲线，采用 HPLC-MS/MS 进行分析，具体条件如下所述。色谱条件：Shim-pack XR-ODS 反相色谱柱（2 mm×75 mm，2.2 μm）；流动相 A 为 0.1%甲酸-水溶液，流动相 B 为乙腈。梯度洗脱程序：0～2 min，B 由 10%升至 30%；2～6 min，B 由 30%升至 85%；6～8 min，保持在

85%；8～10 min，B由85%降至10%。流速为0.3 mL/min，进样量为5 μL。

质谱条件：正离子模式（ESI+）扫描，离子源接口电压−3.5 kV。溶剂管温度250 ℃，加热模块温度400 ℃，氮气作雾化气，流速3 L/min，干燥气氮气流速15 L/min，氩气作碰撞气。柱温为室温。监测模式：选择多反应监测（multiple reaction monitoring，MRM）扫描模式，优化得到SMX的串联质谱检测参数（表4-3）。

表4-3 SMX的MRM模式检测参数

CAS号	药物	保留时间/min	分子量	母离子	子离子
723-46-6	SMX	3.871	253.28	254.15	156.0（定量离子） 92.1

六、数据处理

（1）绘制SMX的色谱图，根据标准曲线上不同浓度水平样品的峰面积拟合求出线性方程及检出限。

（2）分析测定结果的准确性是否满足测定要求。

七、知识拓展

目前，在世界范围内广泛使用的商业化学品数量庞大，并且正以惊人的速度增长。化学品的生产和使用给人类社会带来了前所未有的福利，但也正因为部分有毒化学品的大量使用及排放，给生态环境及人体健康带来威胁，给人类的生产生活造成巨大损失。

随着分析手段的进步，越来越多的新污染物被发现和识别，科学研究的关注点也从传统污染物逐渐转移到新污染物。新污染物（emerging contaminants，EC）是指在环境中最新识别出的、对人体健康或生态环境具有潜在风险的污染物，包括持久性有机污染物（persistent organic pollutants，POPs）、内分泌干扰物（endocrine disruption contaminants，EDCs）、药品及个人护理品（pharmaceuticals and personal care products，PPCPs）以及消毒副产物（disinfection by-products，DBPs）等。许多新污染物即使在较低的浓度水平上也可能对生态和/或人类健康造成不利影响，因此它们也被称为新出现的令人关切的污染物（contaminants of emerging concern，CEC）。

新污染物之所以引起研究者的广泛关注，源于其对人类及生态系统潜在的毒性效应。比如，EDCs潜在的生态危害以及生物累积作用使得其在极低浓度水平下（ng/L 或 μg/L）也会对生物的内分泌和神经系统产生不利影响。再如，由于 DBPs 具有细胞毒性、遗传毒性和致癌性，可对人类和水生生物构成威胁；PPCPs 具有生物富集性，可通过食物链从环境介质迁移至动植物及人体中，从而对生态系统和人类健康造成负面效应。

PPCPs 是被广泛关注的新污染物中最重要的一类物质。PPCPs 的概念是在 20 世纪 90 年代首次被提出的，主要是指人用药品和兽用药品（包括处方药品、生物制剂）、诊断剂、香水、化妆品、防晒产品等。PPCPs 的广泛使用给人类带来诸多便利的同时也对环境和人类健康产生了潜在的威胁。绝大多数 PPCPs 的半衰期较短且在环境介质中的浓度较低，处于纳克每升（ng/L）至微克每升（μg/L）水平，但是由于不断输入，PPCPs 在环境中呈现“伪持久”的状态。目前，在全球范围内多个国家或地区对不同环境介质中如地表水、地下水、饮用水、沉积物等均检出 PPCPs 的存在。

药物类的主要毒性作用机理为抑制核酸、蛋白质的合成，改变细胞膜的通透性与影响细胞壁的形成，干扰细菌的能量代谢等。护理品类通常会扰乱生物体内分泌系统，特别是激素类物质会影响生物的生长和发育，导致生育能力降低、雄性雌性化或双性化等。在实际环境中，PPCPs 的浓度可能达不到产生急性毒性作用的水平，但其慢性毒性的影响不能排除，并可能会因其持续输入而造成生物体内的累积，从而产生不可逆转的伤害。同时，PPCPs 还可能诱导微生物产生耐药性，使环境中抗性基因丰度增加，扰乱生态平衡并威胁人类安全。

八、思考题

（1）试分析高效液相色谱-质谱联用法测定水中 SMX 含量受哪些因素影响。

（2）根据实验结果分析地表水中磺胺类抗生素的分布、存在状态及降解能力。

参考文献

[1] Maria-Loredana S，Ildikó L，Ocsana O，et al. Determination of antibiotics in surface water by solid-phase extraction and high-performance liquid chromatography with diode array and mass spectrometry detection [J]. Analytical Letters，2017，50（7）：1209-1218.

[2] 李柳毅，范辉，范磊，等．固相萃取-高效液相色谱法测定地表水中 4 种

磺胺类抗生素 [J]. 化学分析计量，2017，26 (6)：38-40.

[3] 刘昔，王智，王学雷，等. 我国典型区域地表水环境中抗生素污染现状及其生态风险评价 [J]. 环境科学，2019，40 (5)：2094-2100.

[4] 史晓，卜庆伟，吴东奎，等. 地表水中 10 种抗生素 SPE-HPLC-MS/MS 检测方法的建立 [J]. 环境化学，2020，39 (4)：1075-1083.

[5] 王娅南，彭洁，谢双，等. 固相萃取-高效液相色谱-串联质谱法测定地表水中 40 种抗生素 [J]. 环境化学，2020，39 (1)：188-196.

实验 15　校园土壤中多环芳烃的来源分析

一、实验背景

多环芳烃（PAHs）是最早发现的致癌性有机物，是持久性有机污染物（POPs）中的一种。PAHs 是 2 个或 2 个以上的芳香环稠合在一起的一类惰性较强、降解较难的有机化合物。PAHs 在环境中虽然是微量的，却广泛存在于大气、水、土壤等环境中，严重危害了人体健康和生态环境。

由于 PAHs 具有致癌性、致畸性、致突变性，美国环境保护署已把 16 种多环芳烃列入优先控制的有毒有机污染物黑名单中。土壤中 PAHs 主要来源于植物枝干、塑料等石化产品的不完全燃烧，并被吸附到飘尘上以气体的形式存在于大气层中，通过雨水、干湿沉降带入地表，进入土壤。因此，研究土壤中 PAHs 的存在水平和来源十分重要。

二、实验目的

（1）掌握多环芳烃在土壤中的来源解析方法。

（2）熟悉运用气相色谱-质谱（GC-MS）联用仪测定土壤中的多环芳烃。

三、实验原理

源解析（source apportionment）是研究污染源及其对周围环境污染影响和作用的一种技术方法，是污染防治的基础。近年来，由于全球及区域性环境问题不断凸显，为削减污染物，切实有效地控制水环境污染，污染源解析越来越受到国内外研究者的关注。源解析方法的研究起源于大气污染物的解析研究，近年来，国内外对地表水中 PAHs 污染的研究逐渐增多，在 PAHs 含量及分布特征分析基础上，开展 PAHs 的源识别并通过建立模型进行分析，定量解析出各污染源的贡献率。

以 PAHs 作为分子标记物进行源解析一直是国内外研究的热点，源解析方法种类较多，多环芳烃的源解析方法包括定性源解析方法和定量源解析方法。其中，定性源解析法主要包括特征比值法、特征化合物法、聚类分析法。使用较多的是比值法，运用于源解析比较方便、快捷。定量源解析法主要有主成分分析-多元线性回归法、化学质量平衡模型法、正定矩阵因子分解法和逸度模型法。

1. 特征比值法

不同污染源 PAHs 的结构和组分存在差异，利用同分异构体的相对含量比值[比如 Ant 与（Ant＋Phe）的比值、Flt 与（Flt＋Pyr）及 I*cd*P 与（I*cd*P＋B*ghi*P）的比值] 判别 PAHs 来源及输入途径（其中，Ant 为蒽；Phe 为菲；Flt 为荧蒽；Pyr 为芘；I*cd*P 为茚并（1,2,3-*cd*）芘；B*ghi*P 为苯并 [*g*,*h*,*i*] 苝）。该方法简便实用，而且 Flt、Pyr、I*cd*P 和 B*ghi*P 等降解速率差别不大，相应的特征比值在大气颗粒物中的变化幅度较小可以忽略。但是不同物种的降解速率差异会导致特征比值的显著波动，如 Ant、B*a*A 和 B*a*P（Ant 为蒽；B*a*A 为苯并 [*a*] 蒽；B*a*P 为苯并 [*a*] 芘）等明显比其他同系物降解迅速，使特征比值在受体处与源处有较大的变化。运用单一特征比值法解析 PAHs 来源具有较大不确定性：①不同源排放的 PAHs 特征比值可能相近；②一次源排放的新鲜气溶胶中，PAHs 异构体老化和降解过程的差别会引起特征比值的变化。由于影响因素较多，无法区分具体污染源类型以及相应的贡献率，所得结果可靠性差，常与定量解析方法结合使用。

2. 聚类分析法

通过研究组分变量间的相关关系，相似性大的组分聚成一类，该方法可反映出某类污染源的特点。聚类分析可减少研究对象的数目，简单、直观、结论形式简明，它主要应用于探索性的研究，其分析的结果可以提供多个可能的解，选择最终的解需要研究者的主观判断和后续的分析。在样本量较大时，要获得聚类结论有一定困难。

3. 主成分分析-多元线性回归法

主成分分析是将多个指标简化成主要因子，对环境样品进行分类和识别，并推测出不同因子所指示的PAHs污染来源。以因子分析后的标准化主因子得分变量为解释变量，标准化的PAHs含量为被解释变量，进行多元线性回归，由此得到的方程标准化回归系数计算各主要污染源的相对贡献，能更加确定石油污染和焦炉燃烧源的排放，并且定量各个来源的贡献率，可靠性较高。①适用于源数目少的体系；②该方法常出现负值因子载荷和因子得分情况，影响源解析的结果；③由于Nap挥发性较强，且波动性大，在因子分析中，其高浓度可能掩盖其他组分特征，因此利用其他15种PAHs（溶解相+颗粒相）浓度进行解析。

四、仪器与试剂

（1）GC-MS。
（2）超声波清洗仪。
（3）氮吹仪。
（4）旋涡混合器。
（5）GHP膜针头过滤器：0.2 μm。
（6）层析柱：内径为1.5 cm，长度为40 cm，柱塞为聚四氟乙烯材料。
（7）旋转蒸发仪。
（8）电热鼓风干燥箱。
（9）回收率指示物：菲-d10、䓛-d10。
（10）十六种多环芳烃混标。
（11）高纯氮气：纯度99.999%。
（12）甲醇：HPLC级。
（13）二氯甲烷：HPLC级。
（14）正己烷：HPLC级。
（15）六甲基苯：HPLC级。
（16）丙酮：HPLC级。
（17）中性硅胶（100～200目）：分析纯，纯度98%。
（18）中性氧化铝（100～200目）：分析纯，纯度98%。
（19）无水硫酸钠：分析纯，纯度98%。
（20）高岭土：纯度98%。

五、实验步骤

1. 样品的采集与保存

在校园草地采集土壤样品，设置若干个采样点。每个采样点采集2 kg土样，所有土壤样品均使用不锈钢铲从 0～20 cm 表土层收集。将土壤带回实验室后低温风干，风干过程中注意时常翻动加速风干，同时防止实验室其他物质污染样品。风干后，去除样品中草根、石头等杂物，将土块压碎。处理过后的干燥样品研磨后过 30 目筛，储存备用。如不能及时分析，应于 4 ℃以下冷藏、避光和密封保存，保存时间为 7 d。

2. 样品前处理

（1）制备层析柱：中性硅胶（100～200 目，分析纯）和中性氧化铝（100～200 目，分析纯）分别用二氯甲烷超声萃取 100 min，置于通风橱中，溶剂挥发后，分别于 180 ℃和 250 ℃烘箱中活化 12 h，放置过夜平衡后用正己烷浸泡，置于干燥器中备用。无水硫酸钠在 450 ℃马弗炉中焙烧 4 h，冷却后置于干燥器中保存。采用正己烷湿法装柱，柱上连续装入 12 cm 中性硅胶、6 cm 中性氧化铝和 2 cm 无水硫酸钠。

（2）多环芳烃的萃取和浓缩富集：①称取干燥土壤 5.0 g 置于 50 mL 塑料离心管中，加入回收率指示物，先后用 15 mL 丙酮、15 mL 二氯甲烷萃取 3 次，超声功率为 200 W，在室温条件下每次萃取 20 min。每次萃取后，在 3500 r/min 离心速率下离心 10 min，分离合并，抽提液中加入活化后的铜片（经 1∶1 盐酸、蒸馏水、甲醇处理）去除硫化物，72 h 后收集抽提液，上清液至旋转蒸发瓶，在常温下旋转蒸发至 10 mL 左右后移至 K-D 浓缩器中，氮吹，浓缩至约 1 mL，用于分离纯化。②将浓缩至 1 mL 左右的萃取液直接转移至层析柱上，用少量溶剂多次摇匀确保完全转移。洗脱时，首先用 30 mL 正己烷，然后用 60 mL 二氯甲烷洗脱，控制洗脱速度匀速，收集目标组分。将洗脱下来的目标组分转移至旋转蒸发瓶中，经旋转蒸发浓缩后，在柔和的 N_2 下吹至近干，加入 20 μL 六甲基苯工作液和 980 μL 正己烷溶液定容待测。

3. 分析条件

（1）气相色谱条件：程序升温条件为初始温度 60 ℃，继续以 20 ℃/min 升至 160 ℃，再以 3 ℃/min 升至 280 ℃，保持 6.0 min，以 20 ℃/min 升至 300 ℃，保持 5 min。进样口温度为 280 ℃。载气为氦气。柱流速为 1.00 mL/min。分析时长为 57 min。

（2）质谱条件：离子源温度为 220 ℃。传输线温度为 280 ℃。电子能量为 70 eV。

六、数据处理

利用气相色谱-质谱（GC-MS）联用仪测得数据后，用 SPSS 软件对所有

PAHs数据进行主成分分析。将PAHs的成分矩阵作为自变量，PAHs总浓度作为因变量进行多元线性回归。通过多元回归模型定量计算出每种定性来源贡献率，分析土壤中多环芳烃的来源。

七、知识拓展

研究多环芳烃的浓度、分布和来源是为了更好地进行生态风险评价。生态风险评价方法如下。

1. 商值法

商值法是一种简单的风险表征方法，只能用于初级水平的风险评价，是对风险水平的粗略估计，其计算存在着不确定性。危害商值（HQ）的计算方法如式（4-34）：

$$HQ = 暴露浓度/TRV \tag{4-34}$$

式中，暴露浓度是指实际监测浓度；TRV表示生态基准值（毒性参考值）。将环境监测浓度与生态基准值相比，计算得到不同多环芳烃的危害商值。其比值大于等于1时，说明该物质存在潜在的生态风险，比值越大潜在风险越大；比值小于1，说明该物质生态风险相对较小。

2. 商值概率分布

蒙特卡罗（Monte Carlo）分析或称计算机随机模拟方法，是一种基于“随机数”的计算方法，是一种有效的统计实验计算法，这种方法的基本思想是人为地造出一种概率模型，使它的某些参数恰好重合于所需计算的量；又可以通过实验，用统计方法求出这些参数的估值，把这些估值作为要求的量的近似值。蒙特卡罗模拟被证实可以在可能的暴露和毒性数据范围内方便采样，此外，对蒙特卡罗模拟结果的敏感性分析为帮助识别哪个参数对商值分布的贡献最大提供了一种定量的信息。

八、思考题

（1）测定土壤中多环芳烃的含量时应该注意哪些因素影响？

（2）在土壤中多环芳烃的测定过程中如何保证实验质量？

参考文献

[1] Liu H，Yu X L，Liu Z R，et al. Occurrence，characteristics and sources of polycyclic aromatic hydrocarbons in arable soils of Beijing，China [J]. Ecotox-

icology and Environmental Safety，2018，159：120-126.

［2］Luo Q，Gu L Y，Shan Y，et al. Distribution，source apportionment，and health risk assessment of polycyclic aromatic hydrocarbons in urban soils from Shenyang，China［J］. Environmental Geochemistry and Health，2020，42（7）：1817-1832.

［3］Liu Y，Bu Q W，Cao H M，et al. Polycyclic aromatic hydrocarbons in surface water from Wuhai and Lingwu Sections of the Yellow River：Concentrations，sources，and ecological risk. Journal of Chemistry［J］. 2020，2020：8458257.

［4］龚娴．南昌市周边农田土壤中多环芳烃的测定方法、分布特征和源解析［D］. 南昌：南昌大学，2010.

［5］林峥，麦碧娴，张干，等．沉积物中多环芳烃和有机氯农药定量分析的质量保证和质量控制［J］. 环境化学，1999，18（2）：115-121.

实验16 大气颗粒物中重金属的含量测定

一、实验背景

随着环境污染问题的发展，人们逐渐认识到大气气溶胶的污染特性与其物理化学性质，以及大气中的非均相化学反应有着密切的关系，并能造成一系列的气候和环境问题。例如，酸雨腐蚀、臭氧层空洞、烟雾事件等，这些大气气溶胶的环境作用，已酿成全球性环境问题，引起了全世界的重视。

大气颗粒物是大气环境中组成最复杂、危害最大的污染物之一，而其中的痕量金属则是最大的污染源之一。大气颗粒物中的重金属污染物具有不可降解性及生物富集性，对环境和人类健康造成极大的潜在威胁。如铅、汞、镉对人具有化学毒性，大气颗粒物通过呼吸进入人体后，其中的重金属可造成各种人体机能障碍，导致身体发育迟缓，甚至引发各种癌症和心脏病等。

环境污染领域所指的重金属主要是指生物毒性显著的汞、镉、铅、铬、砷等，也包括具有毒性的重金属锌、铜、钴、镍等。它通过一定的途径进入环境后，不会被降解，只能慢慢累积，当其累积到一定的量时，才会爆发环境污染事件或中毒事件，因此，它往往具有潜在的危害性和污染的滞后性。

国内大气气溶胶中的重金属形态研究还极为薄弱，研发可靠的分析方法和检测仪器，实现多种方法的联用，准确测定环境中痕量元素的化学形态是今后的主要发展方向。

二、实验目的

（1）掌握大气颗粒物中重金属测定仪器的操作方法。
（2）试分析大气颗粒物中重金属的来源及分布规律。
（3）通过对大气颗粒物中重金属的测定，探讨大气环境健康评价。

三、实验原理

使用滤膜采集环境空气中的颗粒物，采集的样品经预处理（微波消解或电热板消解）后，利用电感耦合等离子体质谱（ICP-MS）仪测定各金属元素的含量。

四、仪器与试剂

（1）颗粒物采样器。

（2）电感耦合等离子体质谱仪：质量范围为（5～250）amu，分辨率在5%波峰高度时的最小宽度为1 Da。

（3）微波消解装置。

（4）电热板：100 ℃。

（5）陶瓷剪刀。

（6）四氟乙烯烧杯：100 mL。

（7）聚乙烯容量瓶：50 mL，100 mL。

（8）聚乙烯或聚丙烯瓶：100 mL。

（9）A级玻璃量器。

（10）硝酸：ρ（HNO_3）=1.42 g/mL，优级纯或高纯。

（11）盐酸：ρ（HCl）=1.19 g/mL，优级纯或高纯。

（12）硝酸-盐酸混合溶液：于约500 mL超纯水中加入55.5 mL硝酸及167.5 mL盐酸，再用超纯水稀释至1 L。

（13）标准溶液

① 单元素标准储备溶液：ρ=1.00 mg/mL。可用高纯度的金属（纯度大于99.99%）或金属盐类（基准或高纯试剂）配制成1.00 mg/mL的标准储备溶液，溶液酸度保持在1.0%（体积分数）以上。也可购买有证标准溶液。

② 多元素标准储备溶液：ρ=100 mg/L。可通过单元素标准储备溶液配制，

也可购买有证标准溶液。

③ 多元素标准使用溶液：浓度建议为 ρ=200 μg/L。

④ 内标标准品储备溶液：内标元素应根据待测元素同位素的质量大小来选择，一般选用在其质量±50 Da 范围内的内标元素。可购买有证标准溶液，也可用高纯度的金属（纯度大于 99.99%）或相应的金属盐类（基准或高纯试剂）进行配制。配制浓度为 100.0 μg/L，介质为 1%硝酸。

（14）石英滤膜。

（15）氩气：纯度不低于 99.99%。

（16）超纯水。

五、实验步骤

1. 样品采集与保存

（1）样品采集：采用真空泵和石英滤纸自制采样装置，对校园内外 10 个采样点进行连续 7 d 的大气采样。采样前在箱式电阻炉 500 ℃干燥石英滤纸 1 h，以除去其中的杂质。记录采样前后滤纸的重量、流量计流量、温度、时间、气候等条件。

（2）样品的保存：滤膜样品采集后将有尘面两次向内对折，放入样品盒或纸袋中保存；滤筒样品采集后将封口向内折叠，竖直放回原采样套筒中密闭保存。分析前样品保存在 15～30 ℃的环境中，样品保存最长期限为 180 d。

2. 样品前处理

（1）微波消解：取适量滤膜样品，用陶瓷剪刀剪成小块置于消解罐中，加入 10.0 mL 硝酸-盐酸混合溶液，使滤膜浸没其中，加盖，置于消解罐组件中并旋紧，放到微波转盘架上。设定消解温度为 200 ℃，消解持续时间为 15 min，开始消解。

（2）定容：消解结束后，取出消解罐组件，冷却，以超纯水淋洗内壁，加入约 10 mL 超纯水，静置半小时进行浸提，过滤，定容至 50.0 mL，待测。也可先定容至 50.0 mL，经离心分离后取上清液进行测定。

3. 分析测试

（1）分析条件：功率为 1.2 kW。等离子气流量为 15.0 L/min。辅助气流量为 1.5 L/min。雾化气流量为 0.75 L/min。蠕动泵转速为 15 r/min。仪器稳定延时为 15 s。进样延时采用快泵模式提升 30 s。清洗时采用快泵模式清洗 10 s。样品读数次数为 3 次。循环冷却水温度设为 20 ℃。推荐 Fe、Mn、Ni 、Cu、Zn 的分析波长为 238.204 nm、257.610 nm、231.604 nm、327.395 nm、213.857 nm。

(2) 标准曲线绘制：在容量瓶中依次配制一系列待测元素标准溶液，浓度分别为 0 μg/L、0.100 μg/L、0.500 μg/L、1.00 μg/L、5.00 μg/L、10.0 μg/L、50.0 μg/L、100.0 μg/L，介质为 1%硝酸。内标标准品溶液可直接加入各样品中，也可在样品雾化之前以另一蠕动泵加入，从而与样品充分混合。用 ICP-MS 进行测定，绘制标准曲线。标准曲线的浓度范围可根据测量需要进行调整。

六、数据处理

(1) 大气颗粒物中金属元素的浓度按下式计算（最终结果保留三位有效数字）：

$$\rho_m = \frac{\rho \times V \times 10^{-3} \times n - F_m}{V_{std}} \tag{4-35}$$

式中 ρ_m——颗粒物中金属元素的质量浓度，μg/m³；

ρ——试样中金属元素的浓度，μg/L；

V——样品消解后的试样体积，mL；

n——滤纸切割的份数；

F_m——空白滤膜（滤筒）的平均金属含量，μg；

V_{std}——标准状态下（273 K，101325 Pa）采样体积，m³。

(2) 绘制标准曲线，并根据公式及标准曲线计算试样中各金属元素的浓度。

七、知识拓展

环境分析应注意质量保证和质量控制，具体要求如下所述。

1. 仪器

采样器应定期检定或校准，并按计划进行期间核查。每次采样前需进行流量和气密性检查，检查方法按照 HJ/T 374 和 HJ/T 48 中相关要求进行，其他质量保证和质量控制措施按照 HJ/T 194 和 HJ/T 397 中相关要求执行。

电感耦合等离子体质谱仪应定期检定或校准并在有效期内运行，以保证检出限、灵敏度、定量测定范围满足方法要求。仪器工作时的环境温度和湿度需符合仪器使用说明书中相关指标的要求。

2. 辅助设备

微波消解装置应定期进行功率校正，以确保其在正常状态下使用。

3. 试剂纯度

由于ICP-MS的检出限极低，因此建议在标准溶液配制和样品前处理时均必须使用高纯度试剂，以降低测定空白值。

4. 预处理酸体系

除标准中提到的硝酸-盐酸混合体系外，若其他酸体系（如硝酸-双氧水体系）能够达到本标准规定的检出限、精密度和准确度等要求，则也可以使用。

5. 标准曲线

通常情况下，标准曲线的相关系数要达到0.999以上。标准曲线绘制后，应以第二来源的标准样品配制接近标准曲线中点浓度的标准溶液进行分析确认，其相对误差值一般应控制在 ±10%以内，若超出该范围需重新绘制标准曲线。

6. 空白实验

校准空白的浓度测定值不得大于检出限，实验室试剂空白平行双样测定值的相对偏差不应大于50%，每批样品至少应有2个实验室试剂空白。每10个实际样品应有一个现场空白样品。实验室试剂空白、现场空白样品的浓度测定值不得大于测定下限（测定下限为检出限的4倍）。

7. 平行样

应尽可能抽取10%～20%的样品进行平行样测定，平行样测定值的差值应小于各元素对应的重复性限值。

8. 样品测定

样品测定过程中，必须对可能会遭到质谱性基质干扰的元素进行检验，以确认是否有干扰发生。必须对所有可能影响数据准确性的质量同位素进行监控。在样品测定过程中需保留相应的校正记录，以确保测定结果的准确性，且校正方程应通过实验数据定期修正。

八、思考题

（1）在检测大气颗粒物中重金属含量时会受到哪些因素干扰？如何消除干扰？

（2）测定大气颗粒物中重金属含量对研究重金属元素的来源和分布规律有何意义？

参考文献

[1] Espinosa A J F, Rodríguez M T, de la Rosa F J B, et al. Size distribution of metals in urban aerosols in Seville (Spain) [J]. Atmospheric Environment, 2001, 35 (14): 2595-2601.

[2] Wang C X, Zhu W, Peng A, et al. Comparative studies on the concentration of rare earth elements and heavy metals in the atmospheric particulate matter in Beijing, China, and in Delft, the Netherlands [J]. Environment International, 2001, 26 (5-6): 309-313.

[3] Fang G C, Wu Y S, Lin J B, et al. Characterization of atmospheric particulate and metallic elements at Taichung Harbor near Taiwan Strait during 2004—2005 [J]. Chemosphere, 2006, 63 (11): 1912-1923.

[4] 潘月鹏，王跃思，杨勇杰，等．区域大气颗粒物干沉降采集及金属元素分析方法 [J]. 环境科学，2010，31 (3)：553-559.

[5] 谢华林，张萍，贺惠，等．大气颗粒物中重金属元素在不同粒径上的形态分布 [J]. 环境工程，2002，20 (6)：55-57，5.

[6] 周卫静．大气颗粒物中重金属元素的测定研究 [D]. 保定：河北大学，2009.

实验 17　沉积物中多溴联苯醚的含量测定

一、实验背景

多溴联苯醚（PBDEs）是一类目前使用最广泛的溴代阻燃剂，主要添加于塑料、电子以及涂料等产品中。这种非反应性添加型的阻燃剂，易于通过各种途径进入环境，如 PBDEs 的生产添加过程、含 PBDEs 阻燃剂产品的使用和废弃期间以及其他一些途径。PBDEs 具有疏水性、持久性和生物富集性，易于在颗粒物和沉积物中吸附以及在生物体中富集并可以在环境中长距离迁移，成为环境中到处扩散的持久性有机污染物。最近的研究证实，PBDEs 这类溴化物会干扰甲状腺激素，妨碍人类和动物脑部与中枢神经系统的正常发育。

世界范围内的河流、湖泊和海洋沉积物中，PBDEs 都被检出，沉积物作为疏水性有机污染物的汇而呈现出较高的污染物含量，来自水体附近的点源污染、水体的迁移以及在长距离的大气迁移后进行的干湿沉降，致使不同地区沉积物中 PBDEs 的含量差异很大，从未检出（nd）到 7200 ng/g。因此，对水环境沉积物中 PBDEs 含量测定是极有必要的。

二、实验目的

（1）熟悉高效液相色谱仪的操作方法。
（2）掌握水环境沉积物中 PBDEs 含量的检测方法。
（3）分析水环境沉积物中 PBDEs 的分布规律及来源与归宿。

三、实验原理

超声波萃取（UE）亦称为超声波辅助萃取、超声波提取，是利用超声波辐射压强产生的强烈空化效应、扰动效应、高加速度、击碎和搅拌作用等多级效应，增大物质分子运动频率和速度，增加溶剂穿透力，从而加速目标成分进入溶剂，促进提取的进行。超声波能产生并传递强大的能量，给予介质极大的加速度。这种能量作用于液体时，膨胀过程会形成负压。如果超声波能量足够强，膨胀过程就会在液体中生成气泡或将液体撕裂成很小的空穴。这些空穴瞬间闭合，闭合时产生高达 3000 MPa 的瞬间压力，称为空化作用。这样连续不断产生的高压就像一连串小爆炸不断地冲击物质颗粒表面，使物质颗粒表面及缝隙中的可溶性活性成分迅速溶出。同时在提取液中还可通过强烈空化，使细胞壁破裂而将细胞内溶物释放到周围的提取液体中。超声空穴提供的能量和物质间相互作用时，产生的高温高压能导致自由基和其他组分的形成。利用超声波的上述效应，从不同类型的样品中提取各种目标成分是非常有效的。

环境介质中 PBDEs 的测定，主要的方法有气相色谱-负化学电离源质谱法（GC-NCI-MS）、气相色谱-电子捕获检测法（GC-ECD）、高分辨气相色谱-高分辨质谱法（HRGC-HRMS）等，先通过有机溶剂的萃取，再经净化柱去除干扰物质后进行仪器测定。在此分析过程中，样品的分离净化是非常重要的环节，若净化分离的效果不佳，就会直接影响样品的分析测试，进而影响实验结果的准确性。使用高效液相色谱法对其进行测定，无需分离净化等繁重的前处理和昂贵的特定仪器，节约了时间，而且高效液相色谱仪目前比较普及，操作简单，不失为一种分析沉积物中 PBDEs 的好方法。

因此，本实验选用超声波对沉积物中的 PBDEs 进行提取，应用高效液相色谱仪分析沉积物中的 PBDEs。

四、仪器与试剂

（1）高效液相色谱仪：配紫外检测器。

（2）超声波清洗器。

（3）旋转蒸发器。

（4）乙腈：色谱纯。

（5）二氯甲烷：分析纯。

（6）正己烷：分析纯。

（7）异辛烷：分析纯。

（8）三溴二苯醚（BDE-28）：溶剂为异辛烷。

（9）工业八溴二苯醚：包括 BDE-153、BDE-183、BDE-196、BDE-197、BDE-203 和 BDE-207，溶剂为异辛烷。

（10）十溴二苯醚（BDE-209）：溶剂为甲苯/异辛烷（体积比为 1∶9）。

注：所有玻璃器皿经甲苯和二氯甲烷润洗，用自来水和高纯水冲洗，烘干后再经高温焙烧 4 h。使用前用二氯甲烷和正己烷润洗。

五、实验步骤

1. 样品采集

沉积物由实验室从附近河流取回。沉积物样品采回实验室后于室内自然风干，用粉碎机粉碎，过 80 目筛后置于磨口棕色样品瓶中，放入冰箱内保存。

2. 样品前处理

（1）样品提取：选用超声波对沉积物中的 PBDEs 进行提取，二氯甲烷/正己烷（体积比为 1∶1）为提取溶剂，提取 10 min。

（2）样品浓缩：准确称取 20 g 沉积物样品，放入 100 mL 锥形瓶中，加入 2 g 剪细的铜片脱硫，加入 40 mL 二氯甲烷/正己烷（体积比为 1∶1）混合溶液超声提取 10 min，静置后倒出提取液，重复两次合并提取液，然后用旋转蒸发器浓缩至约 1 mL，加入 10 mL 正己烷再浓缩，最后定容至 1 mL，待测。测定前用针头过滤器过滤。

（3）样品测定：用高效液相色谱分析软件进行数据处理，根据 PBDEs 标准品的出峰顺序和含量定性，确定保留时间。

3. 分析测试

色谱柱：Hypersil ODS 柱（150 mm×4.6 mm，5 μm）。

流动相：乙腈/水（体积比为 90∶10）。

流速：1 mL/min。

紫外检测波长：226 nm。

柱温：28 ℃。

进样量：5 μL。

4. PBDEs 混合标准溶液的配制

分别移取等体积的三溴二苯醚、工业八溴二苯醚和十溴二苯醚的标准溶液，用异辛烷稀释，配制成所需的标准溶液。采用上述条件对标准溶液、样品进行测试，记录峰面积等数据。

六、数据处理

根据逐级稀释 PBDEs 混合标准溶液，针对每个目标化合物，以进样量（ng）为 X 轴，测得的峰面积为 Y 轴，建立标准曲线。

沉积物中 PBDEs 含量按式（4-36）计算，计算结果应扣除空白值：

$$X=\frac{C\times V}{m\times d} \tag{4-36}$$

式中 X——试样中 PBDEs 含量，μg/g；

C——由标准曲线而得的吸收液中溴离子浓度，μg/ mL；

V——吸收液体积，mL；

m——沉积物质量，g；

d——PBDEs 中溴的百分含量。

七、知识拓展

多溴联苯醚的化学通式为 $C_{12}H_9—O—C_{12}H_9$（忽略溴），分子量从 249 到 959 不等，根据溴原子的数量不同可以分为 10 个同系组，共有 209 种同系物。商用多溴联苯醚主要包括五溴、八溴、十溴联苯醚，其中 BDE-209 在环境中最为常见，它是一种十溴联苯醚。五溴、八溴联苯醚已在欧洲和北美禁止使用，而在我国主要生产和使用十溴联苯醚。多溴联苯醚的沸点为 310～425 ℃，在水中的溶解度较小，具有高疏水性。在室温蒸气压较低的情况下，多溴联苯醚可以挥发散逸到空气中，有长距离迁移的特性。多溴联苯醚化学结构十分稳定，应用物理、化学方法降解比较困难。多溴联苯醚可以长时间地存在于环境中，容易在生物体中发生富集，并且其种类繁多，污染状况比较复杂。

多溴联苯醚作为添加型阻燃剂，很容易逸散到环境中。环境中的多溴联苯醚释放源主要来自多溴联苯醚的生产及使用多溴联苯醚作为阻燃剂生产各种产品的工厂，特别在塑料制品厂中被大量使用。这些工厂排放的废水使得大量的多溴联苯醚进入水体中。除此之外，大量的、原始粗放的电子垃圾的拆解和回收利用是多溴联苯醚的另外一个主要来源。多溴联苯醚在生产、使用、废弃处置三个阶段均会释放到环境中。因此多溴联苯醚的潜在源包括生产场地、汽车内饰、家具装饰、电路板、包装产品、纺织物的释放，以及进入废弃物阶段因二次利用、填埋、焚烧等造成的污染释放。多溴联苯醚其他可能的污染源还有城市、医院、电器的循环利用以及意外的火灾等。

八、思考题

(1) 通过对沉积物中 PBDEs 的测定，分析取样点污染状况及分布规律。

(2) 高效液相色谱法测定 PBEDs 时应该注意哪些问题?

参考文献

[1] 陈社军，麦碧娴，曾永平，等．沉积物中多溴联苯醚的测定 [J]. 环境化学，2005，24 (4)：474-477.

[2] 张向荣．西安市不同区域水体沉积物中多溴联苯醚的污染状况与分布规律研究 [D]. 西安：西北大学，2009.

[3] 张向荣，薛科社．高效液相色谱法测定沉积物中的多溴联苯醚 [J]. 光谱实验室，2009，26 (4)：986-989.

[4] 周霁，向建敏．高效液相色谱法测定多溴联苯醚含量的研究 [J]. 武汉工程大学学报，2008，30 (3)：18-21.

[5] 周明莹，曲克明，冷凯良，等．沉积物中多溴联苯醚快速测定技术 [J]. 渔业科学进展，2014，35 (2)：124-128.

实验 18 多介质逸度模型在有机污染物环境归趋模拟中的应用

一、实验背景

多介质环境模型是研究多介质环境中介质内及介质单元间污染物迁移转化和环境归趋定量关系的数学表达式，其主要特点是可以将各种不同的环境介质单元同导致污染物跨介质单元边界的各种过程连接，并在不同模型结构的水平上对这些过程实现公式化和定量化。多介质环境数学模型的主要类型有：箱式模型、农药根区模型、水体非点源污染模型、逸度模型。

逸度模型是一种用逸度代替浓度算法的模型。逸度是一热力学量，它表示物质脱离某一相的倾向性的大小，其单位为压力单位。在多介质环境模型中使用逸度方法，可简化化合物在多介质中分配、迁移及转化的计算过程，有助于在将化合物排放到环境之前或在化合物大规模生产之前以及对已存在于环境中的化合物预测其可能出现的行为。逸度模型分为4类，即Level Ⅰ（平衡、稳态、非流动系统）、Level Ⅱ（平衡、稳态、流动系统）、Level Ⅲ（非平衡、稳态、流动系统）和Level Ⅳ（非平衡、非稳态、流动系统）。

二、实验目的

（1）了解多介质环境模型。
（2）了解逸度模型。
（3）理解多介质逸度模型对研究有机污染物归趋的意义。

三、实验原理

质量守恒是建立多介质逸度模型最基本的原理。当系统处于相间平衡时，各相的逸度相等。在低浓度时，逸度与浓度存在线性关系，可通过逸度容量（z）来确定。

四、仪器与试剂

PC电脑（Windows XP以上系统）。

五、实验步骤

1. 模型的基本结构

构建模型时需要用假设来简化真实的环境系统：

（1）环境体系由多个环境主相和若干子相组成；

（2）任一时刻，每个环境主相的污染物呈均匀分布，各子相之间的逸度关系符合平衡稳态，逸度值在同一时刻处处相等；

（3）环境主相之间处于动态不平衡状态。

2. 模型输入参数

(1) 环境参数；

(2) 污染物性质数据；

(3) 污染物排放信息。

3. 模型构建和计算

以典型有机污染物为对象，构建 Level Ⅰ和 Level Ⅱ条件下的平稳方程，计算污染物在水-土-气相中的三次浓度相对值。

4. 模型的灵敏度和不确定性分析

灵敏度：模型输出对模型参数改变的响应；不确定性分析：模型输入的不确定性对预测结果可靠性的影响。

六、数据处理

将实测数据与模型结果比较来验证模型，如果结果差值较大，则需要对模型调整。

确定输入参数灵敏度的方法是，假定模型的每个参数依次按照预先设定的步长或分割点变化，得出模拟结果的相对变化量与参数的相对变量之比，公式为：

$$S_i = [(Y_{i+1} - Y_i)/Y_i] / [(X_{i+1} - X_i)/X_i] \tag{4-37}$$

式中 S_i——某一参数灵敏度系数；

Y_i——所模拟的状态量；

X_i——某一输入的参数。

设置参数变化±10%计算其灵敏度系数 S_i，若 $S_i > 2$，表示该参数对模型的灵敏度极显著；若 $1 < S_i \leqslant 2$，表示参数对模型的灵敏度较显著；若 $0.95 \leqslant S_i \leqslant 1$，表示参数对模型的灵敏度显著；若 $S_i < 0.95$，表示参数对模型灵敏度不显著。

七、知识拓展

逸度算法被广泛地应用于多介质环境数学模型的建立。多介质环境数学模型发展至今，已出现了多种形式，并用其对多种化学物质进行了风险模拟，得到了很好的预测效果。根据多介质环境数学模型目前的发展和应用情况以及其潜力，可推测其今后的发展趋势：

第一，由于排放的有机污染物在全球范围内已被监测到，模拟有机污染物的长距离迁移、迁移所需时间、迁移过程中污染物随时间和空间的变化及最终分配仍将是研究的热点问题。

第二，人们对环境污染问题的深入研究表明，只停留在对单一化合物进行多介质环境模拟已经不适合人们对真实环境进行模拟预测的需要。因此，人们需要建立能对不同性质的众多化合物及由它们转化而来的化合物同时进行模拟评估的综合性模型。目前这种模型正处于发展阶段，因为它需要输入大量的参数，模型运算相当复杂，存在着很大的不确定性。

第三，随着环境模型结构愈加趋于复杂，模型结构、模型参数的优化及优化后模型参数的可识别问题会成为人们当今及以后研究的重要方面。

第四，为了更加准确地描述污染物的环境行为，进入模型中的污染物越来越多，建立模型的难度也随之增大。尽管有学者尝试建立一种模型，在污染物对环境的释放背景值缺少的情况下也能对其在环境中的行为做出很好的预测。但当务之急还是尽量收集和整理世界范围内的各种污染物对环境释放的背景值数据，并建立数据库，以供人们查阅。

第五，建立多介质环境数学模型的目的是预测污染物在不同环境介质中的迁移、转化及分配情况，以及在这一系列过程中对环境、人体及生态系统造成的危害。因此，人们需要将食物链（包括人在内）与多介质环境结合起来作为一个有机的大系统综合考虑污染物的循环、转化、分配情况。

第六，建立的环境模型应具有广泛的通用性，通过适当的修正后能够对不同地区、不同区域面积以及各类化合物都能做出很好的模拟预测。

第七，建立完善的多介质环境数学模型，其意义在于真实反映污染物在多介质、多元体系中的运动规律，目前还远远不能达到要求，但借助目前有用的数学方法，对某些具体问题模型化，人们可以得到很多有用的信息。

八、思考题

总结多介质逸度模型是如何对有机污染物的迁移和归趋进行预测的。

参考文献

[1] 刘丹，张圣虎，刘济宁，等．化学品多介质逸度模型软件研究进展 [J]. 环境化学，2014，33 (6)：891-900.

[2] 张瀚丹．典型 PCMs 在北京市北运河水系的存在水平及降解速率研究 [D]. 北京：中国矿业大学，2020.

第五章

生物过程及毒性实验

实验 1　土壤/沉积物中磷形态的测定与分析

一、实验背景

磷是生物生长和生物地球化学循环的主要必需营养素之一，在陆地和水生生态系统中发挥着重要作用。地壳中磷的平均含量约为 1.2 g/kg，而大多数自然土壤的含磷量则远远低于地壳中磷的含量。土壤中的磷主要来源于岩石风化、磷矿废水和磷肥的施用。农业生产中经常需要施用磷肥来增加土壤有效磷的供给量，与无机磷相比，有机磷在土壤中的移动性大，被土壤组分固定程度低，即使磷被固定后仍保持着较高的生物有效性。因此，不同形态的磷进入土壤环境后其迁移性和有效性会受到影响。研究发现，施入农田磷肥的生物有效性低于 30%，当磷被土壤固定后，各种可溶性或速效性磷化合物很快就转化为不溶性或缓效性磷。未被利用的磷肥则在耕层土壤中积累起来。由于磷的溶解性低，农田中以溶解态流失的磷并不多，大多数磷会通过地表径流、土壤侵蚀及淋溶渗漏等形式从土壤/沉积物转移到水体中，成为水体富营养化的潜在因子。在我国，磷是水体富营养化的主要限制因子，研究表明，0.02 mg/L 的磷即可诱发水体富营养化。因此了解土壤/沉积物中磷的主要存在形态，有助于预测磷化合物的迁移和转化特征，从而判断其环境行为。

土壤/沉积物中的磷主要可分为有机态磷和无机态磷两大类。其中无机态磷占 50%～90%，有机态磷占 10%～50%。无机态磷几乎全为正磷酸盐，一般可分为：①磷酸铝类（Al-P）；②磷酸铁类（Fe-P）；③磷酸钙（镁）类（Ca-P）；④闭蓄态磷（O-P）。有机态磷则以磷脂、核酸、核素等含磷有机化合物为主。

二、实验目的

（1）掌握钼锑抗比色法测定磷的原理和方法。
（2）掌握土壤/沉积物样品中总磷、有机态磷、无机态磷的测定方法。
（3）了解不同形态磷对水体富营养化的贡献。

三、实验原理

本实验对土壤/沉积物中的总磷、有机态磷、无机态磷分别进行测定。

总磷的分析采用 $HClO_4$-H_2SO_4 法。$HClO_4$ 能氧化有机质和分解矿物质，它有很强的脱水能力，从而有助于胶状硅的脱水。$HClO_4$ 还能与铁配合，在磷的比色测定中能抑制硅、铁的干扰。H_2SO_4 的存在能提高消化温度，同时防止消化过程中溶液被蒸干。样品在 $HClO_4$-H_2SO_4 的作用下能完全分解，并转化成无机正磷酸盐进入溶液，然后再用钼锑抗比色法测定。此法对钙质土壤养分解率较高，但对酸性土壤分解不十分完全，结果往往偏低。

土壤/沉积物中有机态磷的分析是先将样品高温灼烧，使有机磷转化为无机磷，然后与未经灼烧的土壤/沉积物分别用稀酸浸提，比色测定后所得的差值即为有机态磷。

土壤/沉积物中无机态磷可用含 NH_4F 的稀酸溶液浸提，用钼锑抗比色法测定。酸性条件下能溶解底泥中大部分磷酸钙，F^- 又能与 Fe^{3+}、Al^{3+} 形成配合物，促使磷酸铁、磷酸铝的溶解。

钼锑抗比色法测定磷的原理如下：正磷酸盐溶液在一定的酸度下，加酒石酸锑钾和钼酸铵混合液形成磷钼杂多酸 $H_3[P(Mo_3O_{10})_4]$。在三价锑存在时，抗坏血酸能使磷钼杂多酸变成磷钼蓝，其颜色在一定浓度范围内与磷的浓度成正比，可在 700 nm 波长下比色测定。显色时显色液的 pH 值要求在 3 左右，酸度太低显色液稳定时间变短，太高显色变慢。温度低于 20 ℃，当 C（P）＞0.4 mg/kg 时显色后有沉淀产生。显色时间控制在 30 min，显色后在 8 h 内保持稳定，因此显色中酸度、温度、时间都会影响显色反应。

四、仪器与试剂

（1）紫外分光光度计：带 1 cm 石英比色皿。
（2）恒温振荡器。
（3）离心机。
（4）马弗炉。

(5) 电热板。

(6) 水浴锅。

(7) 电子天平。

(8) 比色管：50 mL。

(9) 比色管架。

(10) 容量瓶：100 mL，250 mL。

(11) 锥形瓶：150 mL。

(12) 具塞锥形瓶：150 mL。

(13) 小漏斗：1 组 3 只。

(14) 移液管：5 mL，10 mL。

(15) 瓷坩埚：30 mL。

(16) 离心管：50 mL。

(17) 玻璃珠。

(18) KH_2PO_4：分析纯。

(19) 浓 H_2SO_4：分析纯。

(20) 70%～72% $HClO_4$。

(21) H_2SO_4 溶液（0.5 mol/L）：吸取 2.8 mL 浓 H_2SO_4 溶于 100 mL 水中。

(22) NH_4F 和 HCl 混合溶液（0.5 mol/L）：称取 9.25 g NH_4F、吸取 4.2 mL 浓 HCl 于 500 mL 容量瓶中定容。

(23) NaOH 溶液（2 mol/L）：称取 8 g NaOH 溶于 100 mL 水中。

(24) 酒石酸锑钾（$C_8H_4K_2O_{12}Sb_2 \cdot 3H_2O$）溶液（0.5%）。

(25) H_3BO_3 溶液（0.8 mol/L）：称取 24.75 g H_3BO_3 溶于 500 mL 水中。

(26) 2,6-二硝基苯酚指示剂：称取 0.2 g 2,6-二硝基苯酚溶于 100 mL 水中，其变色点的 pH 值约为 3.0，pH<3 呈无色，pH>3 呈黄色。

(27) 钼锑储备液：将 153 mL 浓硫酸缓慢地倒入约 400 mL 水中，搅拌，冷却。称取 10 g 钼酸铵溶于约 60 ℃ 300mL 的水中，冷却。然后将配制的 H_2SO_4 溶液缓缓倒入钼酸铵溶液中，再加入 100 mL 酒石酸锑钾溶液（0.5%），最后用水稀释至 1 L，充分摇匀，贮于棕色瓶中。此储备液含 1% 钼酸铵、2.75 mol/L H_2SO_4。

(28) 钼锑抗显色剂：称取 1.5 g 抗坏血酸溶于 100 mL 钼锑储备液中。此液随配随用，有效期 1 d。

(29) 磷标准储备液：称取 0.2195 g 在 105 ℃烘箱中烘过的 KH_2PO_4 溶于 200 mL 水中，加入 5 mL 浓 H_2SO_4，转入 1 L 容量瓶中，用蒸馏水定容。此为

50 mg/L 磷标准溶液，可以长期保存。

(30) 磷标准溶液：吸取 10 mL 磷标准储备液，用水稀释至 100 mL，即为 5 mg/L 磷标准溶液，此溶液不宜久存。

(31) 土壤或沉积物样品：采集的土壤或沉积物样品，拣出草根、石块等杂物，经风干后磨碎过 100 目筛后，装瓶保存。

五、实验步骤

1. 绘制磷的标准曲线

向 50 mL 的比色管中分别加入 0 mL、1 mL、4 mL、6 mL、8 mL、10 mL 磷标准溶液（5mg/L），然后加水稀释至约 30 mL，加入 2 滴二硝基酚指示剂，用 NaOH 溶液（2 mol/L）调节溶液至黄色，再加入 1 滴 H_2SO_4 溶液（0.5 mol/L）至黄色刚刚好消退，此时溶液 pH 值约为 3。然后准确加入 5 mL 的钼锑抗显色剂，再用蒸馏水定容，摇匀。置于 30 ℃恒温箱中显色 30 min 后，冷却至室温后，以水为参比，在 700 nm 处比色测定，记录下溶液吸光度值，颜色可在 8 h 内保持稳定。

2. 测定土壤中的总磷

用 $HClO_4$-H_2SO_4 法对土壤进行消化。准确称取通过 2 mm 筛孔的 1 g 土壤样品，置于 150 mL 锥形瓶中，用少量水润湿后，加入 8 mL 浓 H_2SO_4 摇匀，随后加入 10 滴 70%～72%$HClO_4$ 和几颗玻璃珠，摇匀，瓶口扣上小漏斗，置于电热板上加热消煮。当样品变成白色时，再加热 20 min，整个消煮过程大约为 45～60 min。每组做两份平行实验，一份试剂空白（不加土壤/沉积物），共三个。消煮结束后，将冷却的消煮液连土全部转入 100 mL 容量瓶中，冲洗时应少量多次，缓慢摇动容量瓶，待冷却至室温后用水定容。取 30 mL 消煮液于离心管中，以 3000 r/min 离心 5 min。

移取 5 mL 上清液（吸取量应根据含磷量确定）至 50 mL 的比色管中，用水稀释至约 30 mL，再加入 2 滴二硝基酚指示剂，调节 pH=3（操作同 1），准确加入 5 mL 的钼锑抗显色剂，再用蒸馏水定容。在 30 ℃恒温箱中显色 30 min 后，以试剂空白的消煮液作为参比，进行比色测定。根据测得的吸光度计算显色液中磷的浓度。

3. 测定有机态磷

向 30 mL 的瓷坩埚中加入 1 g 左右土壤样品，并在瓷坩锅底部注明标记，置于马弗炉内于550 ℃下灼烧1 h，取出冷却。用100 mL H_2SO_4 溶液（0.1 mol/L）将土样冲洗到250 mL的容量瓶中。另称取相同质量的土壤样品于250 mL容量瓶中，加入100 mL H_2SO_4 溶液（0.1mo/L）。两瓶溶液摇匀后，分别将瓶塞拧松，悬放于瓶口，一起放入40 ℃恒温箱内恒温1 h。取出冷却至室温后，加水定容。充分摇匀后，量取30 mL置于离心管中，离心5 min（1000 r/min）。吸取两管中的上清液10 mL分别置于50 mL比色管中，加水稀释至约30 mL，调节pH=3（操作同1）。准确加入5 mL钼锑抗显色剂，定容，在30 ℃恒温箱中显色30 min后，以水作为参比进行比色测定。根据测得的吸光度，计算显色液中磷的浓度，分别算出灼烧与未灼烧土样中磷的含量，然后用经灼烧后的结果减去未灼烧的结果，其差值即为有机磷含量。

注：将坩埚放入炉中或取出时，需要在炉口停留片刻，使坩埚预冷或预热，防止因温度剧变而使坩埚破裂。

4. 测定无机态磷

将1 g土壤样品装入100 mL具塞锥形瓶中，用量筒准确移入40 mL NH_4F 和HCl（0.5 mol/L）混合溶液作浸提剂。盖紧塞子，在振荡器上120r/min振荡1.5 h后将土壤浑浊液倒入离心管中，离心5 min（3000 r/min）。移取3 mL上清液加入50 mL比色管中，并向离心管中加入10 mL硼酸（0.8 mol/L）及5 mL水。摇匀后调节pH=3（操作同1），加入5 mL钼锑抗显色剂，定容。在30 ℃恒温箱中显色30 min后，以空白试剂为参比进行比色测定。每组做两份平行实验，一份试剂空白（不加土壤/沉积物），共三个。

六、数据处理

样品中的含磷量（$C_{样}$，mg/kg）可根据下式计算：

$$C_{样}=\frac{CVV_2}{mV_1} \tag{5-1}$$

式中 C——测定液中磷浓度，g/L；

V_1——吸取离心后上清液的体积，mL；

V_2——测定液的体积，mL；

V——样品制备溶液的体积，mL；

m——土壤质量，g。

由式（5-1）分别求出总磷、无机态磷的含量，有机态磷的含量为灼烧和未灼烧样品中磷含量的差值。

七、知识拓展

土壤中的磷存在于有机化合物及无机化合物中，总磷量为 400～1200mg/kg，但植物能利用的可溶性磷酸盐不到总磷量的 5%，所以农田中经常缺磷。无机磷进入土壤很容易固结，形成难溶性钙盐或铁铝磷酸盐。为解决土壤中磷缺乏可利用磷这一关键性问题，微生物在促进难溶性磷酸盐溶解和有机磷迅速矿化方面能起到积极作用。土壤中有很多微生物代谢产酸，可促进难溶性磷酸盐溶解，溶磷能力较强的有假单胞菌属、分枝杆菌属、微球菌属、芽孢杆菌属等属中的一些种和青霉属、曲霉属、镰刀菌属等属真菌。这些微生物可以产生多元有机酸（如柠檬酸），可与钙、镁、铁等离子进行配合作用，增加难溶无机磷化物的溶解度。

八、思考题

（1）测定土壤/沉积物样品中磷含量的环境意义是什么？

（2）实验中总磷含量是否为有机磷和无机磷之和？

（3）钼锑抗比色法测定磷含量的主要误差来源有哪些？

（4）不同形态磷含量的分析过程中如何保证实验质量？

参考文献

［1］Hedley M J，Stewart J W B，Chauhan B S. Changes in inorganic and organic soil phosphorus fractions induced by cultivation practices and by laboratory incubations［J］. Journal of the Soil Science Society of America，1982，46（5）：970-976.

［2］Ruban V，López-Sánchez J F，Pardo P，et al. Harmonized protocol and certified reference material for the determination of extractable contents of phosphorus in freshwater sediments—a synthesis of recent works［J］. Fresenius Journal of Analytical Chemistry，2001，370：224-228.

［3］顾雪元，艾佛逊．环境化学实验［M］. 南京：南京大学出版社，2012.

［4］黄清辉，王东红，王春霞，等．沉积物中磷形态与湖泊富营养化的关系［J］. 中国环境科学，2003，23（6）：583-586.

［5］金相灿，孟凡德，姜霞，等．太湖东北部沉积物理化特征及磷赋存形态研究［J］. 长江流域资源与环境，2006，15（3）：388-394.

[6] 王超，邹丽敏，王沛芳，等．典型城市浅水湖泊沉积物磷形态的分布及与富营养化的关系 [J]. 环境科学，2008，29 (5)：1303-1307.

[7] 王晓蓉．环境化学 [M]. 南京：南京大学出版社，1993.

[8] 朱广伟，高光，秦伯强，等．浅水湖泊沉积物中磷的地球化学特征 [J]. 水科学进展，2003，14 (6)：714 -719.

实验 2 土壤/沉积物中可转化态氮的形态分析

一、实验背景

氮（N）作为水生生态系统的主要营养元素，被认为是水生生态系统初级生产力的关键限制性因子。沉积物富含氮物质，是水生生态系统中氮的重要源和汇。研究发现，不同形态氮的环境地球化学行为存在差异。氮在土壤中通常以无机态氮和有机态氮两种形态存在，无机态氮主要包括可交换性氮（exchangeable nitrogen）和固定态铵（fixed ammonium），有机态氮分为水解态氮和非水解态氮，其中有机态氮占土壤全氮的比例高达95%～99%。尽管有研究发现植物可以直接利用土壤中的有机态氮（如氨基酸等），但可供植物吸收利用的绝大多数氮仍然以无机态氮（如 NH_4^+-N 和 NO_3-N）为主。

土壤/沉积物中不同形态氮的环境地球化学行为存在差异，不是全部形态的氮都参与氮的生物地球化学循环，因而沉积物氮在水生生态系统中的作用不是仅仅通过单一的总量能够阐明的。深入研究沉积物中氮的赋存形态与分布，是准确理解水生生态系统中氮生物地球化学循环及其环境效应的前提。因此，土壤/沉积物中氮形态的分析对氮循环的控制机制、氮循环与其他生源要素循环的关系及其生物地球化学功能等方面具有重要意义。

二、实验目的

(1) 了解可转化态氮形态分析对环境化学研究的作用和意义。

(2) 掌握可转化态氮的转化过程。

(3) 掌握可转化态氮的测定原理和方法。

三、实验原理

分级连续浸提法即通过研究不同浸取剂释放出来的磷，鉴别各种形态磷以何种形式结合在土壤/沉积物中，进而对各形态磷的地球化学特征和行为进行研究。根据各种形态氮在不同浸提液中的溶解度，将这几种形态氮分为四种：离子交换态氮（IEF-N）、弱酸可浸取态氮（WAEF-N）、强碱可浸取态氮（SAEF-F）和强氧化剂可浸取态氮（SOEF-N）。其中强氧化剂可浸取态氮的含量即为可转化态氮中有机氮含量，其余三种氮含量即为无机氮含量。总氮与可转化态氮含量的差值即为非可转化态氮的含量。四种形态氮含量分别以氨氮、有机态氮、硝酸盐氮和亚硝酸盐氮含量的总和计算。

四、仪器与试剂

（1）紫外-可见分光光度计。

（2）离心机。

（3）恒温振荡器。

（4）压力蒸汽灭菌锅。

（5）电子天平。

（6）电热板。

（7）80 目筛。

（8）容量瓶：100 mL。

（9）NaCl 溶液（1 mol/L）：称取 0.735 g 的 NaCl，放入烧杯中，加入约 50 mL 水溶解，转移至 100 mL 容量瓶，定容。

（10）HAc-NaAc 溶液（pH＝5）：按照 HAc 和 NaAc 物质的量之比为 0.56∶1 配制。

（11）NaOH 溶液（0.1 mol/L）：称量 0.40 g 氢氧化钠固体，放入烧杯中，用适量蒸馏水将其完全溶解，冷却至室温，将冷却后的氢氧化钠溶液全部转移到 100 mL 容量瓶中，定容。

（12）碱性过硫酸钾溶液：称取 20.0 g 的 $K_2S_2O_8$ 固体溶于 600 mL 水中，可置于 50 ℃水浴中加热至全部溶解；另取 9.6 g 的 NaOH 固体溶于 300 mL 水中，冷却至室温。混合两种溶液，并稀释至 1000 mL，存放在聚乙烯瓶中。

（13）过氧化氢（30%）。

五、实验步骤

1. 样品处理

将已经干燥处理的土壤/沉积物样品过 80 目筛。

2. 浸提不同形态氮

（1）离子交换态氮：称取过筛（孔径 0.149 mm）的沉积物样品 0.5 g 置于 100 mL 离心管中，加入 1.0 mol/L KCl 溶液 20 mL，25 ℃振荡 2 h，在 5000 r/min、25 ℃下离心 10 min，固液分离，分别取上层清液测定 NH_4^+-N、NO_3^--N 和 NO_2^--N 的含量，同时做空白对照实验。将剩余的上清液倾去，再加 10 mL 去离子水洗涤 1 次，5000 r/min 离心 10 min，烘干得残渣Ⅰ，置于干燥器中备用。

（2）弱酸可提取态氮：在残渣Ⅰ中加入 20 mL 的 HAc-NaAc 溶液（pH 值为 5），25 ℃振荡 6 h，在 5000 r/min、25 ℃下离心 10 min，固液分离，再取上层清液测定 NH_4^+-N、NO_3^--N 和 NO_2^--N 的含量，同时做空白对照实验。将剩余的上清液倾去，再加 10 mL 去离子水洗涤 1 次，5000 r/min 离心 10 min，烘干得残渣Ⅱ，置于干燥器中备用。

（3）强碱可提取态氮：在残渣Ⅱ中加入 20 mL 的 0.1 mol/L NaOH 溶液，25 ℃振荡 17 h，在 5000 r/min、25 ℃下离心 10 min，固液分离，取上层清液测定 NH_4^+-N、NO_3^--N 和 NO_2^--N 的含量。若样品的浸出液呈现黄褐色，则需进行消解处理。取浸出液 2.00 mL，加入 5 mL 的 H_2O_2（30%），然后在电热板上加热煮沸至近干，冷却后用蒸馏水定容至 50 mL，同时做空白对照实验。将剩余的上清液倾去，再加 10 mL 去离子水洗涤 1 次，5000 r/min 离心 10 min 烘干得残渣Ⅲ，置于干燥器中备用。

（4）强氧化剂提取态氮：在残渣Ⅲ中加入 20 mL 碱性过硫酸钾氧化剂（NaOH 0.24 mol/L，$K_2S_2O_8$ 20 g/L），25 ℃振荡 6 h，在 5000 r/min、25 ℃下离心 10 min，固液分离，取上层清液测定 NH_4^+-N、NO_3^--N 和 NO_2^--N 的含量。

六、数据处理

（1）分别绘制氨氮、硝酸盐氮、亚硝酸盐氮的标准曲线。

（2）记录四种可转化态氮含量，并进行数据分析。

七、知识拓展

沉积物中氮分为可转化态与非可转化态两大类。通常情况下，只有附着于沉积物颗粒表面或结合能力较弱的可转化态氮，才能在水动力条件或生物扰动等环境条件变化时释放进入水体，参与氮的界面循环。而非可转化态或是进入沉积物矿物晶格，或是包裹在较大颗粒内层，均无法真正参与氮循环。因此，自然粒度沉积物中可转化态氮的含量最直观地体现了沉积物中能参与水体-沉积物界面氮循环的最大量值，研究自然粒度下沉积物中各形态氮的分布规律，能清楚地揭示各形态氮对界面循环的贡献，深入探讨氮的界面循环转化规律，为水源水体内源污染控制提供依据。

有机态氮和硫化物结合态氮也称为强氧化剂可提取态氮。有机态氮和硫化物结合态氮主要为有机形式的氮，是可转化态氮中含量最高的形态。有机态氮和硫化物结合态氮的释放能力比可转化态无机氮的释放能力弱，其释放能力是四种可转化态氮中最弱的，是最难以被释放参与氮循环的形态。

八、思考题

（1）思考可转化态氮在土壤/沉积物中的形态分布规律。

（2）分析水体中氮素（NO_3^-、NO_2^-、NH_3、N_2、N_2O）的循环过程。

（3）查阅文献，了解其他分类方法的氮形态。

参考文献

[1] 董德明，朱利中．环境化学实验 [M].2 版．北京：高等教育出版社，2009.

[2] 刘波，周锋，王国祥，等．沉积物氮形态与测定方法研究进展 [J]. 生态学报，2011，31 (22)：6947-6958.

[3] 王敬．土壤氮转化过程对氮去向的调控作用 [D]. 南京师范大学，2017.

[4] 王禄仕，柴蓓蓓，刘虹．水源水库沉积物中氮的形态分布特征研究 [J]. 西安建筑科技大学学报（自然科学版），2010，42 (5)：734-740.

[5] 张雷，秦延文，郑丙辉，等．三峡入库河流大宁河回水区浸没土壤及消落带土壤氮形态及分布特征 [J]. 环境科学，2009，30 (10)：2884-2890.

[6] 赵海超，王圣瑞，焦立新，等．洱海沉积物中不同形态氮的时空分布特征 [J]. 环境科学研究，2013，26 (3)：235-242.

实验3 土壤中砷的形态分析

一、实验背景

砷是一种有毒元素，摄入或吸入含砷颗粒会对人类造成潜在的健康风险。同时，砷也具有植物毒性，相关研究表明，农作物的平均毒性阈值为 40 mg/kg。土壤中砷的平均天然含量约为 5 mg/kg，主要来源于地球化学背景和人类活动。在岩石中，砷主要存在于岩浆硫化物矿物和铁矿石中。最重要的砷矿石是砷黄铁矿或毒砂（FeAsS）、雄黄（AsS）和雌黄（As_2S_3）。人类活动可能主要通过生产或使用含砷农药（杀菌剂、除草剂和杀虫剂）而导致土壤中砷的积累。在自然系统中，砷基本上以－3、0、＋3、＋5 四种价态存在。其中，砷酸盐［As（Ⅴ）］和亚砷酸盐［As（Ⅲ）］是砷在土壤中存在的主要形式。由于 As（Ⅴ）比 As（Ⅲ）更容易吸附于矿物表面，因此 As（Ⅴ）的毒性稍低，流动性也低于 As（Ⅲ）。在一定程度上，砷的形态决定了其在土壤中的移动性、毒性及生物有效性，因此了解并掌握土壤中砷形态分析方法对有效识别土壤中砷的存在水平和赋存形态、明确其对环境所造成的生态风险具有重要意义。

目前，关于土壤砷的提取方法有微波提取、振荡提取、超声提取、水浴提取。其中，微波提取法可使目标混合物受热快且均匀，回收效率高且溶剂消耗少，已普遍应用于土壤中砷的提取中。

二、实验目的

（1）了解微波辅助法测定砷的基本原理，掌握其基本操作。

（2）初步认识土壤砷形态与生态安全之间的关系。

三、实验原理

由于提取过程中 As（Ⅲ）很容易转化成 As（Ⅴ），因此必须采取比较中性的提取剂和提取方法，确保能有效提取且不改变样品中砷化合物的形态及组成，同时还要求提取剂对砷在氢化物发生-原子荧光光度计（HG-AFS）测定中的化学形态不产生干扰。

常用的土壤中砷的提取剂有草酸铵、草酸钠、磷酸、乙二胺四乙酸（ED-

TA）等。其中，磷酸与As（Ⅲ）及As（Ⅴ）具有类似的分子结构，可以与土壤形成配合物，能有效解析出土壤中的砷，并且可以维持类似于自然环境的温和的提取环境，提取效果较佳。

本实验采取磷酸作为提取剂，但单独使用磷酸作提取剂提取过程中As（Ⅲ）会部分转化为As（Ⅴ），为了防止提取过程中As（Ⅲ）向As（Ⅴ）转化，可加入抗坏血酸作为辅助提取剂，抗坏血酸可以作为还原剂抑制As（Ⅲ）转化为As（Ⅴ）。在提取过程中，提取剂和土壤中的砷在微波作用下迅速"加热"，采用低功率的微波萃取可以避免长时间高温分解样品，保持较温和的状态。

HG-AFS测定砷是以HCl为载液，KBH_4为还原剂，使溶液中As（Ⅲ）还原成AsH_3，随后以氩气作为载气将AsH_3导入原子化器，AsH_3在氢火焰中分解为砷原子和氢。以砷空心阴极灯作为激发光源，砷原子受光辐射激发产生电子跃迁，当激发态的电子返回基态时即发出荧光，荧光强度在一定的浓度范围内与As（Ⅲ）含量成正比。测定总As含量时，样品中含有抗坏血酸-硫脲混合溶液，该溶液能够使As（Ⅴ）还原为As（Ⅲ）。

四、仪器与试剂

（1）AFS-8230氢化物发生-原子荧光光度计。

（2）冷冻干燥机。

（3）高速离心机。

（4）微波消解仪。

（5）分析天平。

（6）粉碎机。

（7）标准实验筛。

（8）容量瓶。

（9）离心管。

（10）防爆膜。

（11）移液管。

（12）硫酸：优级纯。

（13）硝酸：优级纯。

（14）盐酸（50%）：准确移取50 mL HCl（优级纯）至容量瓶，用超纯水定容至100 mL。使用当天配制此溶液。

（15）磷酸：分析纯。

（16）As（Ⅲ）标准储备液（0.1 mg/mL）：称取0.1320 g在100 ℃下干燥

2 h 以上的 As_2O_3，用适量的 NaOH 溶解后，加入 10 mL 2 mol/L 的 H_2SO_4 移入定容至 1000 mL。

(17) As (Ⅲ) 标准使用液 (1.0 mg/L)：取 1 mL As (Ⅲ) 标准储备液用超纯水稀释至 100 mL。

(18) As (Ⅴ) 标准储备液 (0.1 mg/mL)：称取 0.4164 g $Na_2HAsO_4 \cdot 7H_2O$，加水溶解，转入 1000 mL 容量瓶中，用水定容至刻度，摇匀后转移至棕色广口瓶于冰箱中保存备用。

(19) As (Ⅴ) 标准使用液 (1.0 mg/L)：取 1 mL As (Ⅴ) 标准储备液用超纯水稀释至 100 mL。

(20) 盐酸 (1.5%)：准确移取 15 mL 优级纯 HCl 至容量瓶中，用超纯水定容至 1000 mL。使用当天配制此溶液。

(21) 盐酸 (5%)：准确移取 50 mL 优级纯 HCl 至容量瓶中，用超纯水定容至 1000 mL。使用当天配制此溶液。

(22) 硼氢化钾 (1.5%) +氢氧化钾 (0.5%)：称取 3 g KBH_4 溶于先加有 1 g KOH 的超纯水中，定容至 200 mL。使用当天配制此溶液。

(23) 硼氢化钾 (2%) +氢氧化钾 (0.5%)：称取 4 g KBH_4 溶于先加有 1 g KOH 的超纯水中，定容至 200 mL。使用当天配制此溶液。

(24) 硫脲 (0.5%) +抗坏血酸 (0.5%)：准确称取 5 g 硫脲，超声溶解后加入 5 g 抗坏血酸，加水溶解，定容至 100 mL。使用当天配制此溶液。

(25) 提取剂：准确称取 8.8065 g 抗坏血酸用少量超纯水溶于 200 mL 烧杯后，加入 34.55 mL 磷酸。混合均匀后转移至 500 mL 容量瓶中，加超纯水至刻度，即得 0.1 mol/L 抗坏血酸+1.0 mol/L 磷酸混合提取液。

五、实验步骤

1. 样品的预处理

清除土壤样品中大颗粒石块和根茎等杂物，取一定量的土壤样品置于冷冻干燥机中冷冻干燥 48 h，冻干后的样品用粉碎机粉碎，过 0.15 mm 筛，低温干燥后备用。

2. 微波辅助提取

(1) 总砷的提取：称取大约 0.3 g 样品于聚四氟乙烯罐中，加 5 mL 浓硝酸浸泡过夜，次日加入 5 mL 水，微波消解。消解好的样品置于电炉上赶酸至 0.5 mL 后定容于 25 mL 的容量瓶中。取 10 mL 该消解液置于 25 mL 容量瓶中，加入 5 mL 盐酸（50%）和 5 mL 硫脲，用超纯水定容后分析。

（2）形态砷的提取：于消解罐中加入 0.3 g 样品以及 10 mL 提取剂，进行微波辅助提取。然后将消解液移入离心管中，残渣使用提取剂重复消解 2 次。合并 3 次消解液，在 4000 r/min 下离心 15 min，上清液定容于 50 mL 容量瓶中，待分析。

3. 标准曲线的绘制

（1）As（Ⅲ）标准曲线：①准确移取 0.0 mL、0.2 mL、0.4 mL、0.6 mL、0.8 mL 和 1.0 mL 的 1.0 mg/L As（Ⅲ）标准使用液于 6 个 50 mL 棕色容量瓶中，加入 1.5%盐酸溶液定容至刻度，其中 As（Ⅲ）浓度分别为 0.0 μg/L、4.0 μg/L、8.0 μg/L、12.0 μg/L、16.0 μg/L 和 20.0 μg/L。②容量瓶摇匀，30 min 后使用 AFS-8230 氢化物发生-原子荧光光度计上机测定。测定时按照表 5-1 中工作条件调好仪器，预热 30 min，打开载气和集气罩，压紧泵块，开始测定。③使用盐酸（1.5%）为载流，以硼氢化钾（1.5%）+氢氧化钾（0.5%）为还原剂，首先测得载流和还原剂荧光值为空白值。④记录不同浓度的 As（Ⅲ）的荧光值，绘制 As（Ⅲ）标准曲线。

表 5-1 原子荧光分光光度计测试条件参数

仪器参数	参数条件
HCl	As（Ⅲ）：1.5%；$As_{总}$：5%
KBH_4	As（Ⅲ）：1.5%；$As_{总}$：2%
载气流量/（mL/min）	300
屏蔽气流量/（mL/min）	800
原子化器温度/℃	170
负高压/V	300
灯电流/mA	80
原子化器高度/mm	10

（2）$As_{总}$ 标准曲线：①准确移取 0.0 mL、0.2 mL、0.4 mL、0.6 mL、0.8 mL 和 1.0 mL 的 1.0 mg/L As（Ⅴ）标准使用液于 6 个 50 mL 棕色容量瓶中，并加入含有 5 mL 硫脲（0.5%）+抗坏血酸（0.5%）溶液，其中硫脲作为掩蔽剂，抗坏血酸作为还原剂将待测液中 As（Ⅴ）完全还原成 As（Ⅲ），用 5% HCl 定容至刻度。所得 $As_{总}$ 浓度分别为 0.0 μg/L、4.0 μg/L、8.0 μg/L、12.0 μg/L、16.0 μg/L 和 20.0 μg/L。②容量瓶摇匀，30 min 后使用 AFS-8230 氢化物发生-原子荧光光度计上机测定。测定时按照表 5-1 工作条件调好仪器，预热

30 min，打开载气和集气罩，压紧泵块，开始测定。③使用盐酸（5%）为载流，以硼氢化钾（2%）+氢氧化钾（0.5%）为还原剂，首先测得载流和还原剂荧光值为空白值。④记录不同浓度的$As_{总}$的荧光值，绘制$As_{总}$的标准曲线。

4. 样品 As 形态测定

（1）As（Ⅲ）浓度的测定：准确移取 5.0 mL 提取后的上清液至 50 mL 棕色容量瓶中，加入 1.5%盐酸溶液定容至刻度。按照 As（Ⅲ）标准曲线步骤测出样品中 As（Ⅲ）的荧光值，按照标准曲线计算得出样品中 As（Ⅲ）的浓度。

（2）$As_{总}$浓度的测定：准确移取 5.0 mL 提取后的上清液至 50 mL 棕色容量瓶中，加入含有 5 mL 硫脲（0.5%）+抗坏血酸（0.5%）溶液，将样品中 As（Ⅴ）完全还原成 As（Ⅲ），加入盐酸（5%）溶液定容至刻度。按照$As_{总}$标准曲线步骤测出样中$As_{总}$荧光值，按照标准曲线计算得出样品中$As_{总}$浓度。

（3）样品中 As（Ⅴ）的浓度由差减法计算得出。

六、数据处理

1. 样品中 As（Ⅲ）的含量

按式（5-2）计算土壤中 As（Ⅲ）含量：

$$\rho_{As(Ⅲ)}=\frac{10\times C_{As(Ⅲ)}V}{m} \tag{5-2}$$

式中 $\rho_{As(Ⅲ)}$——土壤中 As（Ⅲ）含量，mg/kg；

$C_{As(Ⅲ)}$——测出的 As（Ⅲ）浓度，μg/L；

V——样品稀释后的体积，mL；

10——稀释倍数；

m——土样质量，g。

2. 样品中$As_{总}$的含量

从$As_{总}$标准曲线上查得提取液稀释 1 倍后$As_{总}$浓度。根据测得$As_{总}$浓度按式（5-3）计算土壤中$As_{总}$含量：

$$\rho_{As_{总}}=\frac{10\times C_{As_{总}}V}{m} \tag{5-3}$$

式中 $\rho_{As_{总}}$——土壤中$As_{总}$含量，mg/kg；

$C_{As_{总}}$——测出的$As_{总}$浓度，μg/L；

V——样品稀释后的体积，mL；

10——稀释倍数；

m——土样质量，g。

3. 样品 As（Ⅴ）含量

土壤中 As（Ⅴ）含量（mg/kg）计算公式如下：

$$\rho_{As(V)} = \rho_{As_{总}} - \rho_{As(III)} \tag{5-4}$$

七、知识拓展

砷的工业用途：砷的许多化合物都含有致命的毒性，常被加在除草剂、杀鼠药中。砷为电的导体，被使用在半导体上。化合物通称为砷化物，常用于涂料、壁纸和陶器的制作。

砷作为合金添加剂生产铅制弹丸、印刷合金、黄铜（冷凝器用）、蓄电池栅板、耐磨合金、高强结构钢及耐蚀钢等。高纯砷是制取化合物半导体砷化镓、砷化铟等的原料，也是半导体材料锗和硅的掺杂元素，这些材料广泛用作二极管、发光二极管、红外线发射器、激光器等。砷的化合物还用于制造农药、防腐剂、染料和医药等。砷还可用于制造硬质合金，黄铜中含有微量砷时可以防止脱锌，并且昂贵的白铜合金就是用铜与砷合炼的。

砷的生理功能：砷自古以来就常为人类所使用，例如砒霜即是经常使用的毒药。砷也曾被用于治疗梅毒。大量的有关羊、微型猪和鸡的研究结果表明，砷是必需微量元素。

八、思考题

(1) 微波辅助提取的优缺点有哪些？

(2) 氢化物发生-原子荧光光度计测定砷的基本原理是什么？

(3) 除微波辅助提取外，还有哪些提取方法？优缺点是什么？

参考文献

[1] 王志康，王雅洁．环境化学实验 [M]. 北京：冶金工业出版社，2018.

[2] 武铄，虞锐鹏，宋启军．微波辅助提取-液相色谱-氢化物发生-原子荧光光谱法分析沉积物中砷的形态 [J]. 中国无机分析化学，2012，2 (1)：22-26.

实验4 土壤中脲酶活性的分析

一、实验背景

酶是一类具有蛋白质性质的高分子生物催化剂。土壤酶是一种具有生物催化能力和蛋白质性质的高分子活性物质。土壤酶主要来源于土壤微生物活动分泌、植物根系分泌和植物残体以及土壤动物区系分解。土壤微生物不仅数量巨大且繁殖快，能够向土壤中分泌释放土壤酶。脲酶是土壤中最活跃的水解酶之一，能水解施入土壤中的尿素，释放出供作物利用的铵，在土壤氮素循环中发挥着重要作用。其对土壤质量有重要影响，因此一直是土壤酶学的研究重点。土壤脲酶由胞内脲酶与胞外脲酶组成，胞外脲酶一般指吸附在土壤腐殖质、黏粒或游离于土壤溶液中的脲酶，胞内脲酶指存在于微生物体内的脲酶。研究表明，土壤胞内脲酶是土壤脲酶的最主要来源，其活性占总脲酶活性的37.1%～73.1%。

脲酶能分解土壤中的尿素，生成氨、二氧化碳和水。土壤脲酶活性与土壤的微生物含量、有机物质含量、全氮和速效磷含量呈正相关，可作为土壤肥力指标之一。根际土壤脲酶活性较高，中性土壤脲酶活性大于碱性土壤。人们常用土壤脲酶活性表征土壤的氮素状况。土壤脲酶活泩的测定方法较多，常用的方法有比色法、扩散法、电极法、NH_4^+ 释放量法等。

二、实验目的

（1）了解土壤中脲酶活性对土壤理化性质的影响。

（2）掌握分光光度法计测定土壤中脲酶活性的方法。

三、实验原理

本实验采用靛酚蓝分光光度法（也称苯酚钠-次氯酸钠比色法）测定土壤脲酶活性的高低，以每百克土壤中 NH_3-N 的质量（mg）表示脲酶的一个活性单位。该法以尿素为基质，根据脲酶酶促产物氨在碱性介质中，与苯酚钠-次氯酸钠作用（在碱性溶液中及在亚硝基铁氰化钠催化剂存在下）生成蓝色的靛酚来分析脲酶活性。

四、仪器与试剂

（1）电子分析天平（精确到十万分之一）。

（2）恒温箱。

（3）可见光分光光度计。

（4）甲苯：分析纯。

（5）硫酸铵：分析纯。

（6）氮标准溶液：称取 0.4717 g 硫酸铵溶于水并稀释至 1000 mL，得到 1 mL 含有 0.1 mg 氮的标准溶液。绘制标准曲线时，再将此溶液稀释 10 倍备用。

（7）尿素溶液（10%）：称取 10 g 尿素，用水溶至 100 mL。

（8）柠檬酸盐缓冲液（pH=6.7）：称取 184 g 柠檬酸和 147.5 g 氢氧化钾分别溶于适量蒸馏水中。将两溶液合并，用 1 mol/L 氢氧化钠溶液将 pH 值调节至 6.7，用水稀释、定容至 1000 mL。

（9）苯酚钠溶液（1.35 mol/L）：称取 62.5 g 苯酚溶于少量乙醇，加 2 mL 甲醇和 18.5 mL 丙酮，用乙醇稀释至 100 mL（溶液 A），存于冰箱中；称取 27 g 氢氧化钠溶于 100 mL 水（溶液 B）。将溶液 A、B 保存在冰箱中。使用前分别取溶液 A、溶液 B 各 20 mL，混合后，用蒸馏水稀释至 100 mL。

（10）次氯酸钠溶液：用水稀释试剂，至活性氯的浓度为 0.9%，溶液稳定。

五、实验步骤

1. 标准曲线的绘制

准确称取 0.4717 g 硫酸铵，用蒸馏水稀释至 1000 mL，得到氮的浓度为 0.1 mg/mL 的标准液。绘制标准曲线时，将标准液稀释 10 倍备用。分别吸取稀释 10 倍的氮标准溶液 1.00 mL、3.00 mL、5.00 mL、7.00 mL、9.00 mL、11.00 mL、13.00 mL 于 50 mL 容量瓶中，加蒸馏水至 20 mL，再加入 4 mL 苯酚钠溶液和 3 mL 次氯酸钠溶液摇匀。显色 20 min，加水稀释、定容到 50 mL。1 h 内在分光光度计上于波长 578 nm 处进行比色，以光密度值为横坐标，氨的浓度为纵坐标绘制标准曲线。

2. 样品中脲酶活性的测定

取 5 g（精确到 0.1 mg）过 1 mm 筛的风干土样盛于 50 mL 锥形瓶中（2 份平行样品），加入 1 mL 甲苯（以全部湿润土样为准），室温下放置 15 min。加入

10 mL尿素溶液（10%）和20 mL柠檬酸盐缓冲液，摇匀，置于37 ℃恒温箱中恒温培养24 h。过滤后取3 mL滤液注入50 mL容量瓶中，加37 ℃蒸馏水稀释、定容至20 mL。再加4 mL苯酚钠溶液和3 mL次氯酸钠溶液，随加随摇匀，放置20 min后显色、定容。1 h内在分光光度计上于波长578 nm处比色。同时做无土对照实验和无基质对照实验。

六、数据处理

脲酶活性按式（5-5）计算：

$$M=(X-X_2-X_3)\times 100\times 10 \tag{5-5}$$

式中 M——土壤脲酶活性值；

X——样品实验的吸光度在标准曲线上对应的NH_3-N的质量，mg；

X_2——无土对照实验的吸光度在标准曲线上对应的NH_3-N的质量，mg；

X_3——无基质对照实验的吸光度在标准曲线上对应的NH_3-N的质量，mg；

100——样品溶液体积与测定样品体积之比；

10——酶活性单位的土质量与样品土质量之比。

七、知识拓展

土壤酶和人体中的酶一样，也是一种活性很强的蛋白质类化合物，主要来自土壤微生物的生命活动，高等植物根系也会分泌出少数的酶，土壤中的动植物残体也会带入某些酶类。由活的生物体分泌到土壤中的酶叫外酶；生物体死亡，细胞崩溃释放出来的酶叫内酶。至今已知土壤中有40种酶，它们或者被土壤颗粒以及土壤中的其他物质所吸附，或者自由自在地存在于土壤中。

土壤中常见的酶有四大类：①氧化还原酶类，包括脱羧酶、接触酶、过氧化物酶和多酚氧化酶等；②转移酶类，包括转氨酶、转苷酶等；③水解酶类，包括的种类最多，主要有磷酸酯酶、多磷酸酶、淀粉酶和尿酶等；④脱羧酶类。土壤中微生物所引起的生物化学过程，即有机残余物质的分解、腐殖质的合成和某些无机化合物的转化，全是借助于它们所产生的酶来实现的。因此，土壤中酶的活性，可作为判断土壤生物化学过程强度、鉴别土壤类型、评价土壤肥力水平及鉴定农业技术措施的有效指标。

八、思考题

（1）实验中柠檬酸盐缓冲液的作用是什么？

（2）土壤中脲酶的活性与土壤的理化性质有何联系？

（3）实验中为什么要加入甲苯？

参考文献

[1] 安韶山，黄懿梅，郑粉莉．黄土丘陵区草地土壤脲酶活性特征及其与土壤性质的关系 [J]. 草地学报，2005，13（3）：233-237.

[2] 董德明，朱利中．环境化学实验 [M].2 版．北京：高等教育出版社，2009.

[3] 丰骁，段建平，蒲小鹏，等．土壤脲酶活性两种测定方法的比较 [J]. 草原与草坪，2008（2）：70-72.

[4] 贺仲兵，杨仁斌，邱建霞，等．溴硝醇对土壤脲酶和过氧化氢酶活性的影响 [J]. 环境科学导刊，2005，24（4）：25-27.

[5] 廖俊健，钱永盛，黄焯轩，等．茶叶对土壤脲酶的抑制作用 [J]. 南方农业学报，2015，46（12）：2117-2122.

[6] 闫春妮，黄娟，李稹，等．湿地植物根系及其分泌物对土壤脲酶、硝化-反硝化的影响 [J]. 生态环境学报，2017，26（2）：303-308.

[7] 杨春璐，孙铁珩，和文祥．农药对土壤脲酶活性的影响 [J]. 应用生态学报，2006，17（7）：1354-1356.

[8] 于春甲，姜东奇，田沐雨，等．碳添加下黑钙土胞内、胞外脲酶活性变化及其机制 [J]. 应用生态学报，2020，31（6）：1957-1962.

实验 5　多溴联苯醚在鱼体内的富集

一、实验背景

多溴联苯醚（PBDEs）是一种人为有机化合物，以其持久性、生物蓄积性、远距离迁移潜力和毒性而著称。由于这些特性，关于持久性有机污染物（POPs）的斯德哥尔摩公约对五溴二苯醚和八溴二苯醚技术混合物的成分进行了监管。尽管多溴二苯醚在环境中持久存在，但其可以在野生动物和人类中进行生物转化，并产生可能比其母体化合物毒性更大的代谢物，从而对生物群构成严重威胁。迄今为止，多项研究报告指出，鱼没有表现出形成羟基化多溴二苯醚（OH-PBDEs）的能力，因此可通过检测鱼体内多溴联苯醚的含量了解其在生物体中的富集水平，评估其生态风险。

二、实验目的

（1）了解 PBDEs 在鱼体内的富集规律。
（2）学习有机污染物富集和浓缩的基本操作和技术。
（3）了解气相色谱-质谱仪的工作原理。

三、实验原理

多溴联苯醚在鱼体内的赋存水平可以用生物富集因子（bioconcentration factors，BCFs）表示，生物富集因子是环境风险评价中的重要参数，是指有机化合物在生物体内或生物组织内的浓度与其在外界环境的浓度之比，能够反映出有机化合物在生物体内的生物富集作用的大小。

假定 PBDEs 在外界封闭水环境与鱼体间的迁移转化为一级动力学过程，则：

$$\frac{\mathrm{d}C_{\mathrm{PBDEs}}}{\mathrm{d}t}=-(K_{12}+K_{0})C_{\mathrm{PBDEs}}+K_{21}C_{\mathrm{f}} \tag{5-6}$$

$$\frac{\mathrm{d}C_{\mathrm{f}}}{\mathrm{d}t}=K_{12}C_{\mathrm{PBDEs}}-K_{21}C_{\mathrm{f}} \tag{5-7}$$

式中 C_{PBDEs}——水环境中 PBDEs 的浓度；
C_{f}——鱼体内 PBDEs 的表观浓度；
K_{12}——吸收速率常数；
K_{21}——释放速率常数；
K_{0}——挥发速率常数。

当有机物在环境与生物体内达到两相平衡时，$\mathrm{d}C_{\mathrm{f}}/\mathrm{d}t=0$，所以

$$\mathrm{BCFs}=\frac{C_{\mathrm{f}}}{C_{\mathrm{PBDEs}}}=\frac{K_{12}}{K_{21}} \tag{5-8}$$

将生物体内样品的表观浓度转化成鱼体内的真实浓度，可得：

$$\mathrm{BCFs}=\frac{C_{\mathrm{f}}V_{\mathrm{PBDEs}}}{C_{\mathrm{PBDEs}}M_{\mathrm{f}}}=\frac{K_{12}V_{\mathrm{PBDEs}}}{K_{21}M_{\mathrm{f}}} \tag{5-9}$$

式中 V_{PBDEs}——外界封闭水体系的体积；
M_{f}——鱼体的湿重。

若再将 BCFs 以鱼体内脂肪含量进行标化，可得：

$$\mathrm{BCFs_{L}}=\frac{K_{12}V_{\mathrm{PBDEs}}}{K_{21}M_{\mathrm{f}}F} \tag{5-10}$$

式中 F——鱼体内的脂肪含量；
$\mathrm{BCFs_{L}}$——脂肪标化生物富集因子。

当化合物在生物体和环境体系中处于相对平衡时，此时可以通过分别测定环境体系和鱼体内该物质的浓度获取生物富集因子。

四、仪器与试剂

（1）气相色谱-质谱仪。

（2）旋转浓缩器。

（3）氮吹仪。

（4）环己烷：色谱纯。

（5）丙醇：色谱纯。

（6）氯化钠：分析纯。

（7）硫酸：分析纯

（8）乙腈：色谱纯。

（9）PBDEs 溶液，包括 BDE-28、BDE-47、BDE-99、BDE-100、BDE-153、BDE-154、BDE-183 和 BDE-209。

（10）PBDEs 的 ^{13}C 标准替代物，包括 ^{13}C 标记的 BDE-28、BDE-47、BDE-99、BDE-100、BDE-153、BDE-154、BDE-183 和 BDE-209。

（11）内标：^{13}C 标记的多氯联苯 209（^{13}C-PCB-209）。

（12）实验用鱼：在周边水体环境中采集 3 种常见鱼种，每种采集活鱼样品 12 条，共 36 条。

五、实验步骤

1. 样品提取

准确称取 5 g 肌肉组织（湿重）和 2 g 肝脏（湿重）样品放入 100 mL 西林瓶中。提取前，将样品和空白与标准替代物充分混合。随后将 40 mL 环己烷/丙醇（1∶1，体积比）加入所有样品和空白中，进行振荡提取。重复提取两次，合并提取液，在合并的提取液中加入 20 mL 0.5% NaCl 溶液。离心分离后，将环己烷萃取物（上层有机溶剂）转移到干净的离心管中，浓缩至干燥，称量脂质重量。将脂质组分溶于 2 mL 环己烷中，加入 2 mL 浓硫酸去脂。将提取液用酸处理 2～4 次，直至酸变为无色或浅色，在黑暗中过夜。将不含酸的有机萃取物转移到新的离心管中，在萃取物中加入 0.8 mL 含环己烷的乙腈，进行三次分配。将乙腈收集在同一瓶中，并用氮气流进行浓缩和定容。在仪器分析之前，将 ^{13}C 标记的 PCB-209 添加到最终的提取物中。

2. 色谱条件

进样口温度为 270 ℃；进样量为 1 μL；DB-1 色谱柱，规格为（15 m×0.25 mm，0.1 μm）；升温程序：初始温度为 60 ℃，以 20 ℃/min 的速率升至 200 ℃，保持 1 min，再以 10 ℃/min 的速率升至 300 ℃，保持 5 min；载气为纯度>99.999%的氦气；载气流速为 1.07 mL/min。质谱条件：在选定的离子监测模式（SIM）下，MS 在电子轰击电离（EI）模式下运行，电子能量为 70 eV。根据峰强度和离子特异性选择定量离子（表 5-2）。

表 5-2　多溴联苯醚（PBDEs）同系物、替代品和内标物（IS）的定量和定性离子

序号	化合物	定量离子 m/z	第一定性离子 m/z	第二定性离子 m/z
1	BDE-28	407.8	405.8	409.8
2（替代物）	^{13}C-BDE-28	417.9	419.9	446.2
3	BDE-47	485.7	483.7	487.8
4（替代物）	^{13}C-BDE-47	497.8	499.8	495.8
5	BDE-100	563.7	565.7	403.9
6（替代物）	^{13}C-BDE-100	577.8	575.8	415.9
7	BDE-99	563.7	565.7	403.9
8（替代物）	^{13}C-BDE-99	577.8	575.8	415.9
9	BDE-154	643.6	645.6	483.8
10（替代物）	^{13}C-BDE-154	665.7	495.8	657.6
11	BDE-153	643.6	645.6	483.8
12（替代物）	^{13}C-BDE-153	665.7	495.8	657.6
13	BDE-183	721.6	561.7	563.7
14（替代物）	^{13}C-BDE-183	733.6	573.8	735.6
15	BDE-209	799.3	801.3	959.1
16（替代物）	^{13}C-BDE-209	811.3	813.4	971.2
17（内标）	^{13}C-PCB-209	511.8	507.8	509.8

六、数据处理

根据实验测得的数据，结合文献调研得到水体中 PBDEs 浓度，代入式(5-8)，计算出生物富集系数。

七、知识拓展

PBDEs在各组织累积能力的不同可能与各组织对PBDEs的吸收、代谢能力有关。

PBDEs的生物体分布和毒性效应：从鱼类到哺乳类的不同组织和器官中都能够检测到PBDEs。PBDEs造成的毒性危害主要包括甲状腺毒性、神经系统毒性、肝脏毒性、生殖发育毒性和免疫毒性。甲状腺激素所在的内分泌系统、神经系统和免疫系统构成神经免疫内分泌网络。PBDEs由于其化学结构和化学特性导致这3个系统调节出现异常，因而造成相应的毒性。肝脏作为生物体内最大的解毒器官，也是有机污染物的富集器官，大量的PBDEs堆积会造成肝细胞体积增大，使肝脏受损。

八、思考题

(1) 为何要分别检测鱼的肌肉组织和肝脏中的PBDEs?

(2) 加入替代物的作用是什么?

(3) 加入内标的作用是什么?

参考文献

[1] Li N, Luo J, Na S, et al. Determination of polybrominated diphenyl ethers (PBDEs) in freshwater fish around a deca-brominated diphenyl ether (decaBDE) production facility by gas chromatography-mass spectrometry (GC-MS) [J]. Analytical Letters, 2019, 52 (18): 2951-2960.

[2] 顾雪元，艾佛逊. 环境化学实验 [M]. 南京：南京大学出版社，2012.

[3] 李立勇. 生物体内多溴联苯醚的测定及分布研究 [D]. 保定：河北大学，2010.

[4] 李志丰. 十溴联苯醚在罗非鱼体内的富集、代谢及多溴联苯醚在烹饪过程中的变化 [D]. 广州：暨南大学，2016.

[5] 王建国，廖珊珊，王芳，等. 气相色谱-串联质谱法测定蔬菜中8种多溴联苯醚 [J]. 食品安全质量检测学报，2021，12 (17)：6940-6945.

[6] 徐奔拓，吴明红，徐刚. 生物体中多溴联苯醚 (PBDEs) 的分布及毒性效应 [J]. 上海大学学报 (自然科学版)，2017，23 (2)：235-243.

实验6　头发中汞的分析

一、实验背景

汞及其化合物属于剧毒物质，主要来源于金属冶炼、仪器仪表制造、颜料、塑料、食盐电解及军工等废水。汞是常温下唯一的液态金属，且有较大的蒸气压，原子荧光光度计利用汞蒸气对光源发射253.7 nm光具有特征吸收来测定汞含量。

样品中的汞离子被还原剂还原为单质汞，再汽化成汞蒸气。其基态汞原子受到波长为253.7 nm的紫外光激发，当基态汞原子被激发时便辐射出相同波长的荧光。在给定的条件下和较低的浓度范围内，荧光强度与汞的浓度成正比。

天然水中汞含量一般不超过0.1 μg/L，我国饮用水限值为0.001 mg/L。汞可在体内蓄积，进入水体的无机汞离子可转变为毒性更大的有机汞，经食物链进入人体，引起全身中毒。汞是我国实施排放总量控制的指标之一。

二、实验目的

（1）学会发样的清洗和消解方法。

（2）了解测汞仪的使用及原子荧光光度计的使用和测定原理。

三、实验原理

汞是常温下唯一的液态金属且有较大的蒸气压，测汞仪利用汞蒸气对荧光光源发射的253.7 nm谱线具有特征吸收来测定汞的含量。样品中的汞离子被还原剂还原为单质汞，再汽化成汞蒸气。基态汞原子受到波长为253.7 nm的紫外光激发，当基态汞原子被激发时便辐射出相同波长的荧光。在给定的条件下和较低的浓度范围内，荧光强度与汞的浓度成正比。在硫酸介质中用高锰酸钾消解水样，使所含汞转化为二价汞。用氯化亚锡将二价汞还原成零价汞，通过真空泵将汞蒸气吸入比色管中，汞吸收波长253.7 nm的紫外光，吸收光的强度与含汞浓度成正比，计算吸收光的强度即可求得水样中的汞含量。

四、仪器与试剂

（1）WCG-200 测汞仪。

（2）容量瓶：50 mL、100 mL 若干。

（3）烧杯：50 mL。

（4）消解管：25 mL（50 mL 亦可，消解管也称比色管）。

（5）移液管：5 mL、10 mL 若干。

（6）不锈钢剪刀。

（7）量筒。

（8）分析天平。

（9）玻璃棒（搅拌洗涤头发用）。

（10）翻泡瓶：测汞仪自带。

（11）水浴锅。

（12）去离子水：电导率<1 μS/cm，实验所有用水均用去离子水。

（13）浓硫酸：优级纯。

（14）浓盐酸：优级纯。

（15）浓硝酸：优级纯。

（16）无水乙醚。

（17）饱和高锰酸钾溶液：5% $KMnO_4$ 溶液，称量 5 g 高锰酸钾（优级纯）溶于去离子水，倒入 100 mL 容量瓶，稀释至刻度。

（18）盐酸羟胺溶液（10%）：称 10 g 盐酸羟胺溶于水，用去离子水稀释至 100 mL，以 2.5 L/min 的流量通氮气 30 min，以去除微量的汞。

（19）氯化亚锡溶液（10%）：取 10 g 的氯化亚锡溶于 20 mL 的浓盐酸中，用去离子水稀释至 100 mL，以 2.5 L/min 的流量通氮气 30 min，以除去微量汞。加几粒金属锡，密封保存。如溶液配制后有白色沉淀出现，水浴加热至白色沉淀消失。

（20）汞标准储备液：称取干燥过的氯化汞（$HgCl_2$）1.354 g，用 1∶1 的硝酸 100 mL 溶解氯化汞，溶解后用去离子水定容，摇匀。此时浓度是 1.00 g/L。再取 1.00 g/L 汞标液 10 mL 置于 1000 mL 容量瓶中，加入 1∶1 硝酸 100 mL，用去离子水定容，浓度为 10.0 mg/L。或直接购买汞标准溶液（国家标准物质研究所）。汞标液置于冰箱可保存 6 个月。

（21）汞中间液：取 10.0 mg/L 汞标液 10.0 mL，置于 100 mL 容量瓶中，加入 0.5 mL 的硝酸，用去离子水定容至刻度，得到浓度为 1.00 mg/L 的汞标液。再取 1.00 mg/L 汞标液 10 mL 置于 100 mL 容量瓶中，加入 0.5 mL 硝酸，用去离子水定容至刻度，得到浓度为 100 μg/L 的汞标液。再取 100 μg/L 汞标液 10 mL 置于 100 mL 容量瓶中，加入 0.5 mL 硝酸，用去离子水定容至刻度，得到浓度为 10 μg/L 的汞标准使用液。

注：所有玻璃仪器均应该反复冲洗后用 10%硝酸浸泡 24 h 后再用去离子水冲洗干净后使用，以去除容器上可能残留的汞。

五、实验步骤

1. 样品采集

剪头发少许以供实验。

2. 样品前处理

（1）洗涤：用中性洗涤剂水溶液洗发样 15 min，然后用乙醚浸洗 5 min。目的在于去除头发上的油脂污染物。将洗净的发样在空气中晾干，用不锈钢剪刀剪成 3 mm 长。（注：乙醚有麻醉作用，实验中乙醚的用量以浸没为宜，过多会造成蒸发量过大，产生眩晕。）

（2）消化：准确称取 30～50 mg 洗净的干燥发样于 25 mL 消解管中，加入饱和高锰酸钾溶液 8 mL，小心加入浓硫酸 5 mL（该步骤反应剧烈，须戴橡胶手套，一定要小心，移液管紧贴管壁，浓硫酸缓慢加入）。95 ℃水浴加热 30 min 至发样完全消化。消解过程中高锰酸钾的紫红色应保持。冷却后滴加盐酸羟胺至紫红色消失，除去过量的 $KMnO_4$，所得溶液不应有黑色残留和发样。

（3）定容待测：用量筒准确测量所得消解液的体积，然后用 5 mL 的移液管移取发样的消解液 5 mL 至 50 mL 的容量瓶中，稀释到刻度，待测。（此步的稀释倍数为 10 倍，可适当调整，计算结果时有用。）

向翻泡瓶中倒入 10 mL 的样品液，从翻泡瓶的中央注入 0.5 mL 的氯化亚锡溶液。（注入氯化亚锡溶液后须摇晃，立即用测汞仪翻泡测量。）

（4）微分测量挡标准溶液的配制：取 6 只 100 mL 的容量瓶，首先分别加入 1/2 去离子水，再加入 0.4 mL 的饱和高锰酸钾和 0.4 mL 的浓硫酸，摇匀，再分别加入 10 μg/L 汞标准使用液 0 mL、0.2 mL、0.4 mL、0.8 mL、1.6 mL、3.2 mL 并用去离子水稀释至刻度，摇匀。浓度分别为 0 μg/L、0.02 μg/L、0.004 μg/L、0.08 μg/L、0.16 μg/L、0.32 μg/L。调好测汞仪后将标准液和样品液分别倒入 10mL 的翻泡瓶中，从翻泡瓶的中央加入 0.5 mL 的氯化亚锡，待微分电压归零后进行测量，记录吸光度。测量前应将溶液摇晃均匀。

3. 分析条件

（1）预热时间：测汞仪预热 1～2 h。

（2）定标：调整为 0.32。

（3）满度电压：为－2 V 左右。先测量标准溶液得到标准曲线，在报告单处添加标准曲线，再测量样品液时选择对应的标准曲线。然后测量时就可对应得出相应的含汞量。（注：当测量中出现最大值的峰后，应拔去翻泡瓶，以免污染管路。测汞仪的气泵尽量随测随开，减小环境污染，干扰测量。）

六、数据处理

发样含汞量（μg/g）＝（查标准曲线所得的浓度值×稀释倍数×总消解液的体积）÷发样质量

其中查标准曲线所得浓度值＝35.63×abs＋0.068（低浓度）

＝52.44×abs＋0.097（高浓度）

根据标准溶液系列作吸光度-汞浓度的标准曲线，并计算所测定样品中汞的含量。

七、知识拓展

测汞仪的使用

（1）打开测汞仪后预热 1～2 h，预热完成后开启泵的开关，在电脑桌面上打开软件，进入水体测量的微分测量（测汞仪分微分测量挡、低浓度测量挡、高浓度测量挡三挡，可根据具体检测范围确定测量挡）。调整定标为 0.32。满度电压为－2V 左右。

（2）测量前应该将所用试剂进行检验，检验合格后方可使用。

① 检验去离子水和氯化亚锡（10%）。取 10 mL 去离子水置于翻泡瓶中，盖好管芯，从中央加入氯化亚锡溶液 0.5 mL，反泡测量，电压＜0.4 V 说明该去离子水和氯化亚锡合格。

② 检验高锰酸钾。取去离子水 10 mL 置于翻泡瓶中，加入 0.04 mL 的高锰酸钾，从中央加入氯化亚锡溶液 0.5 mL，反泡测量，电压＜0.4 V 说明高锰酸钾合格。

③ 检验浓硫酸。取 10 mL 去离子水置于翻泡瓶中，加入 0.04 mL 的饱和

高锰酸钾，再加入 0.04 mL 浓硫酸，盖好管芯，从中央加入氯化亚锡溶液 0.5 mL，反泡测量，电压<0.4 V 说明浓硫酸合格。

④ 浓硝酸的检验。取 10 mL 去离子水置于翻泡瓶中，加入 0.04 mL 的浓硝酸，盖好管芯，从中央加入氯化亚锡溶液 0.5 mL，反泡测量，电压<0.4 V 说明该浓硝酸合格。

⑤ 检验所有用具。取 500 mL 的容量瓶，加入一半的去离子水，再加入 2 mL 的饱和高锰酸钾，2 mL 的浓硫酸，用去离子水稀释至刻度，摇匀。取 10 mL 测量，电压<0.4 V 即可用。此溶液为检验液。用合格的检验液冲刷所有玻璃用具，然后测量含汞量，要求冲刷液和检验液含汞量相同。

八、思考题

(1) 测汞仪在使用时应该注意哪些问题?

(2) 试分析原子荧光光度计的测定原理。

参考文献

[1] 江锦花．环境化学实验 [M]．北京：化学工业出版社，2011.

[2] 倪文庆，黄越，王宵玲，等．高压消解-原子荧光光谱法测定人头发中的汞浓度 [J]．汕头大学医学院学报，2013，26 (4)：200-202.

[3] 周权锁，葛滢，蒋静艳，等．头发中汞测定教学实验的改进 [J]．实验室研究与探索，2009，28 (5)：109-112.

实验 7　煤化工废水对大型蚤的毒性作用

一、试验背景

煤炭的开采和加工需要持续性供水，尽管对矿山废水的排放进行了监管，但在极端降雨时会产生不受控的排放。这些排放物可能是高盐分及酸性的，并且通常可能含有大量的溶解固体、悬浮固体、金属（类）（例如 Al、As、Cd、Cu、Mn、Ni、Fe、Se、Zn)、烃类化合物（例如多环芳烃）和其他化合物，这些污染物随煤化工废水排入临近水体中，造成严重的生态危害，引起了人们的广泛关注。

整体流出物毒性测试已广泛应用于评估复杂流出物对水生生物的潜在毒性，以及监测工业和市政用水排放，以识别有关暴露对动物潜在不利影响，而且通过识别相对敏感的物种，促进对接收矿井水排放的水生系统的水质进行有效的持续监测。

目前，蚤类毒性试验已广泛应用于工业废水、生活废水以及地表水、地下水等各种类型水质的毒性测定，是我国农药、化学品环境安全评价以及废水监测的重要方法。

二、实验目的

（1）了解煤化工废水对蚤类生物的毒性作用。

（2）学习大型蚤类毒性测定的方法。

（3）了解根据物质或者废水的半数抑制浓度、半数致死浓度来判断物质或废水的毒性程度的方法。

三、试验原理

本试验以大型蚤（*Daphnia magna straus*）作为试验生物，测定受试大型蚤半数抑制浓度、半数致死浓度（24 h-EC_{50}、24 h-LC_{50} 或 48 h-EC_{50}、48 h-LC_{50}），并据此判断煤化工废水的毒性程度。

运动受抑制是指反复转动试验容器，15 s之内失去活动能力的大型蚤，被认为运动受抑制，仅触角可活动也算作不活动的个体。

24 h-EC_{50}、48 h-EC_{50} 指在 24 h 或 48 h 内 50%的受试蚤运动受抑制时目标物的浓度。

24 h-LC_{50}、48 h-LC_{50} 指在 24 h 或 48 h 内 50%的受试蚤死亡时目标物的浓度，以受试蚤心脏停止跳动为其死亡标志。

四、仪器与试剂

（1）溶解氧测定仪。

（2）pH 计。

（3）温度计。

（4）电导仪。

（5）电子分析天平。

（6）容量瓶：25 mL，50 mL。

(7) 移液管：5 mL，10 mL。

(8) 吸管。

(9) 玻璃缸。

(10) 尼龙筛网。

(11) 小烧杯或结晶皿：100 mL。

(12) 试验生物：大型蚤，甲壳纲，枝尼亚目。

(13) 试验用水：煤化工废水。

(14) 重铬酸钾（$K_2Cr_2O_7$）：分析纯。

五、试验步骤

1. 大型蚤的培育繁殖

试验大型蚤可从相关实验室引进纯种大型蚤，用 OECD M4 培养液培养三代以上，水温（20±5)℃，光通量为 1000～2500 流明，光照周期为 16 h 光照，8 h 黑暗。密度<50 只母蚤/L。培养液每周换三次，每天饲以斜生栅藻（购自相关实验室藻种库），栅藻也是由本实验室用一定的培养液同步培养。幼蚤定期被分离，试验蚤为出生 6～24 h 的幼蚤。

2. 煤化工废水试验液的采集和保存

采集煤化工废水样品时，应使用目标废水将采样瓶充分润洗，采集时使瓶内充满水样，不留空气。鉴于样品采集后不能立即进行试验，需将所采集的煤化工废水进行遮光、冷冻保存（<4℃）处理。建议尽可能缩短试验前冷冻保存时间。试验前，分别测定煤化工废水中重金属浓度和总有机碳含量（总有机碳指标用于指示煤化工废水中有机毒物含量)。将煤化工废水原液摇匀，用去离子水稀释成不同浓度的试验液。

3. 预试验

为确定试验浓度范围，在正式试验之前，需先进行预备试验。预备试验煤化工废水浓度间距可设置为 1%、5%、50%、100%（煤化工废水原液稀释百分比，下同)，每个浓度放置 5 只幼蚤，明确使 100%大型蚤运动受抑制的浓度和最大耐受浓度的范围，并根据指导设计正式试验。

4. 正式试验

(1) 试验浓度的设计：根据预试验的结果所确定的浓度范围设计正式试验的浓度系列（等比级数间距)，设计 5 个浓度（如 1%、2%、4%、8%、16%，等比级数系数为2，又如1%、3%、9%、27%、54%等比级数系数为3)。试验浓度设计需合理，以系列中值为50%左右大型蚤运动受抑制或死亡的浓度最为理想。

(2) 以100 mL烧杯作为试验容器，向烧杯中添加设计浓度梯度的50 mL煤化工废水试验液，置幼蚤10个。每个浓度设置3个平行。一组试验液设空白对照，内装相等体积的去离子水。

(3) 分别于1 h、2 h、4 h、8 h、16 h及24 h定期进行观察，记录每个容器中仍能活动的水蚤数，注意记录大型蚤的任何不正常的行为，同时检测试验液的溶解氧浓度。

(4) 检查大型蚤的敏感性及试验操作步骤的统一性，定期测定重铬酸钾的24 h-EC_{50}，目的是验证大型蚤的敏感性。在试验报告中报告24 h-EC_{50}。

六、数据处理

1. EC_{50}（LC_{50}）的估算

试验结束后，计算每个浓度中不活动的大型蚤或死亡蚤占试验总数的比例，用概率单位目测法，计算EC_{50}（或LC_{50}）。以浓度的对数值$\lg X$为横坐标，不活动蚤比例换算成概率值Y为纵坐标建立回归方程$Y=a+b\lg X$，将$Y=5$代入回归方程，求出EC_{50}（或LC_{50}）。

2. 结果的表示

以24 h-EC_{50}表示物质在相应时间内对大型蚤运动抑制的影响。以24 h-LC_{50}表示物质在相应时间内对大型蚤生存的影响。当浓度间距过近仍不能获得足够数据时，可采用使100%大型蚤活动受抑制或心脏停止跳动的最低浓度和使0%大型蚤活动受抑制或心脏停止跳动的最高浓度来表示毒性影响的结果。

3. 试验记录

试验过程中，应详细记录试验用水浓度及对应的活动大型蚤数目。此外，对于试验蚤的种类、来源、数目、蚤龄、饵料和驯养时间等基础信息及试验环境条件（水温、pH值、溶解氧、电导率）也应详细记录。

七、知识拓展

近几年，国内主要利用大型蚤研究重金属离子及有机污染物等的毒性作用，并应用于工业污染源监测、在线水质预警监测、农药和部分中药等的化学品的毒性测试方面。以蚤体内的金属硫蛋白（MT）含量为毒性指标，可探究重金属对大型蚤的毒性作用。研究表明，多种重金属的复合毒性高于单一重金属，具有协同作用。同时，以大型蚤为受试对象的毒性试验在有毒有机物对环境的胁迫方面也取得了一定进展。研究发现，苯胺与硝基苯胺二元混合物对大型蚤的联合毒性均为协同作用，并且3组混合物均在等毒配比时的协同作用最大。此外，在探讨目标污染物对大型蚤的毒性试验的环境影响因素时发现，pH值会显著影响苯酚的毒性，这是由于苯酚类化合物的毒性随pH值的升高而降低，溶液中的pH值越低，电离程度越差，非离子态所占的比例也越大，分子越容易穿过生物膜到达机体靶位，因而毒性越强。

与国内的研究现状相比，国外的研究进展及应用在范围和程度上更加深入一些。相对于国内的目标污染物毒性测试来说，国外相关研究导向更趋向于当前的热点污染物，如药品及个人护理品、多环芳烃、纳米粒子等。此外，有文献报道，目前已经建立了利用对水藻、蚤、鱼的毒性分析来评价水体生物安全性的新方法。有毒物质的毒性评价结果的精确程度与评价系统的复杂程度呈正相关，评价系统越复杂、受试对象越多，有毒物质的评价结果也就越准确，这也将会成为未来毒性研究的重要导向。

八、思考题

(1) 大型蚤毒性测试过程中需要注意哪些因素对试验结果的影响？

(2) 利用大型蚤毒性对化合物或废水的毒性程度进行判断的优点有哪些？

(3) 为什么要采用幼蚤而不是成年蚤作为试验对象？

参考文献

[1] 国家环境保护总局《水和废水监测分析法》编委会．水和废水监测分析方法[M].4版．北京：中国环境科学出版社，2002.

[2] 吴峰．环境化学实验[M]. 武汉：武汉大学出版社，2014.

[3] 张哲海，陈明，梅卓华，等．大型蚤急性毒性试验的质量控制[J]. 环境监测，2011，27 (2)：29-32.

实验8 ECOSAR在有机污染物水生态毒理效应评估中的应用

一、实验背景

QSAR是指定量的构效关系，是使用数学模型来描述分子结构和分子的某种生物活性之间的关系。随着QSAR研究的深入，很多计算机预测软件衍生出来，ECOSAR则是常用的QSAR软件之一。ECOSAR分析目前由美国污染预防和有毒物质办公室实施。该程序是为专家用户设计的，它是由一个菜单驱动，包含许多帮助用户的功能。用户必须将化学物质的结构信息输入软件，该软件根据化学物质的结构相似性预测其水生毒性。化学品可以产生对淡水和咸水鱼类的急性毒性，而水蚤和绿藻一直是ECOSAR分析的重点。因此，在项目开始之前如果能够了解或研究了废物的化学成分，则可以了解废物的影响。很多环境评估员、化学品制造商、化学品供应商和其他监管机构都已使用ECOSAR定量筛选化学品对鱼类、水生无脊椎动物和绿藻等的毒性效应。

二、实验目的

（1）了解ECOSAR对环境化学研究的意义。

（2）掌握ECOSAR软件的毒性分析方法。

三、实验原理

ECOSAR属于EPI Suite中的一个模块，可以单独运行。它运用了许多基于$\lg K_{ow}$化学分类的QSAR模型，预测化学品对水生生物（鱼类、水蚤、藻类）的急慢性毒性。QSAR模型的化学分类是建立在美国环境保护署的标准化测试数据库的基础上。当水溶性很低时或者当预测结果超出训练集$\lg K_{ow}$的范围时，ECOSAR会在报告结论栏中提出预警。使用具有不同分子结构的工业化学品的大数据集进行评估，且ECOSAR可根据欧盟法规的规则确定化学品的水生生物毒性。

四、仪器与试剂

（1）PC电脑。

（2）ECOSAR 软件。

五、实验步骤

1. 运行 ECOSAR 软件

ECOSAR 软件首页运行界面如图 5-1 所示。

ECOSAR Class Program Information ×

ECOSAR CLASS PROGRAM INFORMATION

The ECOSAR Program was developed by the US Environmental Protection Agency's Office of Chemical Safety and Pollutuion Prevention. It is a screening-level tool, intended for use in applications such as rapid screening of chemicals for ecotoxicity hazards and prioritization of chemicals for future work. Estimated values should not be used when experimental (measured) values are available.

ECOSAR cannot be used for all chemical substances. The intended application domain is organic chemicals. Inorganic and organometallic chemicals as well as polymers and other substances with average MW>1000 are outside the domain.

Important information on the performance, development and application of ECOSAR can be found under the Help Menu at the top of the ECOSAR Main Menu.

START

图 5-1 ECOSAR 软件首页运行界面

2. 在 ECOSAR 的主界面输入预测的化合物

输入方法有：a. 通过“DRAW”直接画预测化合物的结构式；b. 通过“NameLookup”查找输入；c. 通过“Enter SMILES”直接输入 SMILES；d. 通过 CAS 号输入。

ECOSAR 主界面如图 5-2 所示。

3. 输入理化参数

在 ECOSAR 程序中，允许用户输入“Water Solubility [mg/L]”“Melting Point [deg C]”和“lgK_{ow}”三个理化参数，那么在预测毒性时优先使用用户

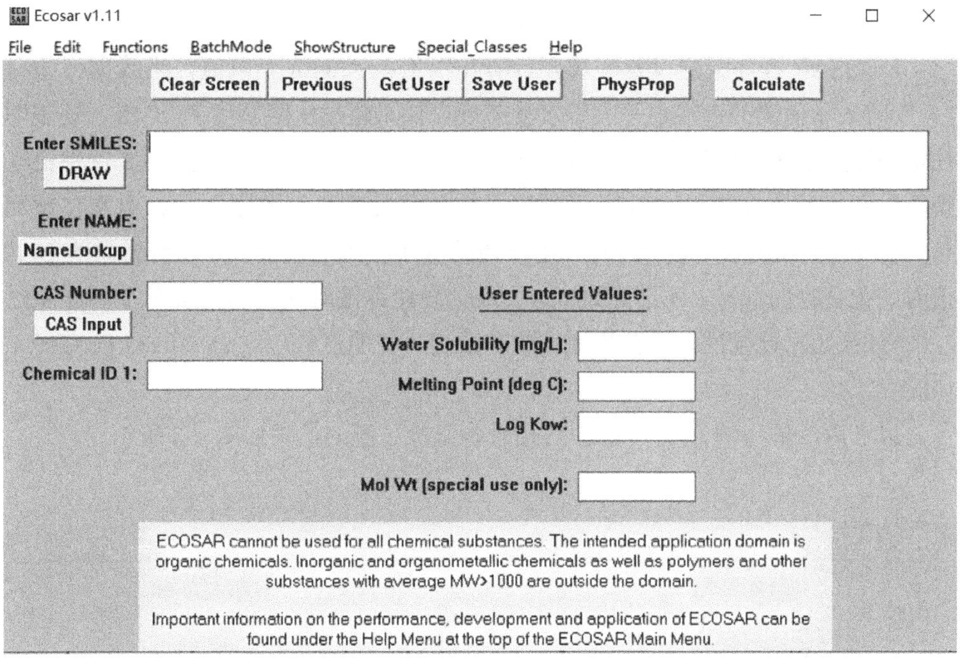

Ecosar v1.11

File　Edit　Functions　BatchMode　ShowStructure　Special_Classes　Help

Clear Screen　Previous　Get User　Save User　PhysProp　Calculate

Enter SMILES:　DRAW

Enter NAME:　NameLookup

CAS Number:　CAS Input

User Entered Values:

Water Solubility (mg/L):

Chemical ID 1:

Melting Point (deg C):

Log Kow:

Mol Wt (special use only):

ECOSAR cannot be used for all chemical substances. The intended application domain is organic chemicals. Inorganic and organometallic chemicals as well as polymers and other substances with average MW>1000 are outside the domain.

Important information on the performance, development and application of ECOSAR can be found under the Help Menu at the top of the ECOSAR Main Menu.

图 5-2　ECOSAR 主界面

输入的数据，如没有，则会使用相关的程序进行估算。考虑到我们平常预测化合物时不一定了解化合物的这些理化数据，所以在本次研究中不需要输入任何数据。

4. 获取数据

点击按钮“Calculate”，在新的窗口可得到所有的预测值及详细说明。

5. 预测结果分析

当 ECOSAR 程序完成预测后，会提供一个单独的结果窗口，包括化学结构式（chemical structure）、化学性质（chemical attributes）、实验测试值（measured effect level）（如有）、预测值（predicted effect levels）、基线毒性（baseline toxicity）、QSAR 的具体信息（QSAR specific information）。

其中化学性质（chemical attributes）包含了预测化合物的 SMILES、化学名称、CAS 号、分子式、分子量以及 $\lg K_{ow}$ 等。$\lg K_{ow}$ 有三个数据，分别来自 EPI Suite 中 K_{ow}Win 程序的预测值、用户自己输入数值和来自 PhysProp 数据库的实测值。熔点值有两个，分别是用户自己输入数值和来自 PhysProp 数据库的实测值。水溶性有三个数据，分别是 EPI Suite 中 K_{ow}Win 程序的预测值、用户自己输入数值和来自PhysProp数据库的实测值。

ECOSAR程序根据设置的规则计算出所有的预测终点数值，当数据旁边有“*”时表示预测的毒性水平大于水溶解度，如果超过水溶解度的10倍，则表明在饱和浓度下无具体数值；当数据旁边有“!”时表示此数据通过急性/慢性比率换算得到。另外，ECOSAR程序预测毒性数据是有一定的限制的，通常在预测鱼类和水蚤急性毒性 EC_{50} 值时，化合物的 $\lg K_{ow}$ 不能超过5.0，预测绿藻 EC_{50} 值时，化合物的 $\lg K_{ow}$ 不能超过6.4；预测慢性毒性时化合物的 $\lg K_{ow}$ 不能超过8.0；如果超出此范围，则会报道“饱和浓度下无明显效应（no effects at saturation）”。

以环丙沙星为例，ECOSAR对化合物毒性预测的结果如图5-3所示。

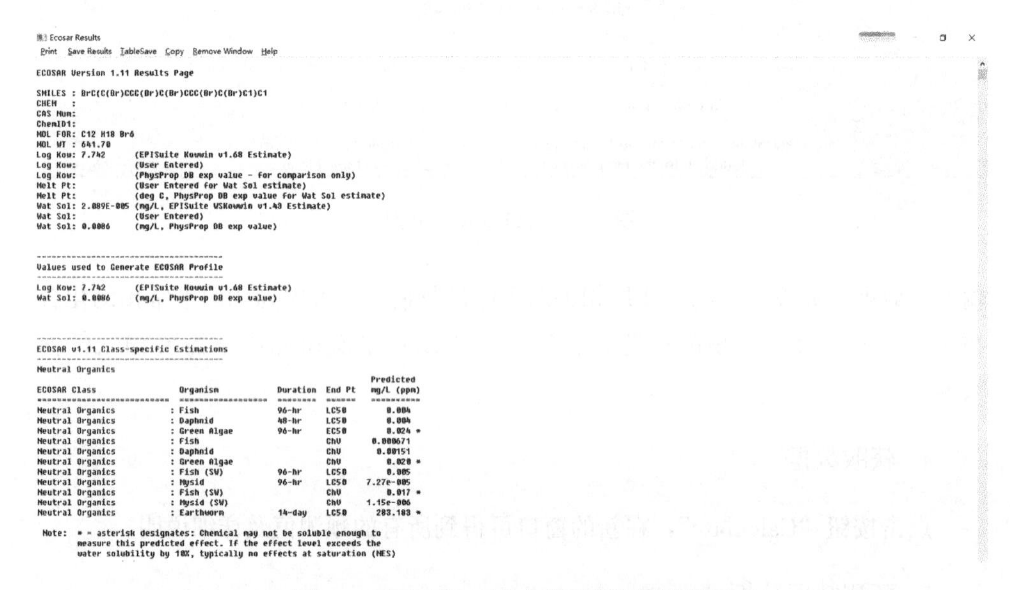

图5-3 ECOSAR对化合物毒性预测的结果

六、数据处理

按照ECOSAR软件使用步骤得出检测结果后，对检测结果进行分析。

七、知识拓展

对于一个确定的分子结构式，如果输入的SMILES包含了ECOSAR程序定义的多个化学分类，那么ECOSAR程序可提供多个化学分类分别的预测结果，同时说明了ECOSAR选择的最具代表性的分类情况。

ECOSAR 程序对于大分子量（分子量大于 1000）的化合物或者 $\lg K_{ow}$ 大于 8 的有机化合物均不适用。

八、思考题

查阅文献，分析 ECOSAR 软件和其他 QSAR 软件的异同。

参考文献

[1] 刘赟. 三种 QSAR 预测软件在化学品生态风险分类管理中的应用研究[D]. 上海：华东理工大学，2012.

第六章

污染控制与环境修复实验

实验1　电化学法降解含酚废水

一、实验背景

随着石油化工、塑料、合成纤维、焦化等工业的迅速发展，各种含酚废水也相应增多，由于酚的毒性大，具有致癌、致畸、致突变的潜在毒性，当其污染水体和土壤后，势必危害生物生长繁殖和人类食品及饮用水安全，进而危及人类健康，因此对含酚工业废水的排放必须有严格的规定。

酚类化合物是原型质毒物，可以通过皮肤、黏膜的接触吸入和经口服而进入人体内部。它与细胞原浆中蛋白质接触时，可发生化学反应形成不溶性蛋白质，而使细胞失去活力。高浓度苯酚液能使蛋白质凝固，低浓度苯酚能使之变性，酚还能继续向深部渗透，引起深部组织损伤、坏死，直至全身中毒。苯酚及其他低级酚对皮肤会产生过敏性。长期饮用被酚污染的水会引起头晕、贫血及各种神经系统疾病。

因此，需要对废水中的酚进行严格的处理，尽量减少对人类的危害。

二、实验目的

（1）测定电化学方法对含苯酚废水的降解效率（以去除率表示）。

（2）熟悉高效液相色谱（HPLC）仪器的各个部件及操作方法。

（3）掌握应用高效液相色谱法对苯酚的定性、定量分析。

（4）掌握水样中苯酚的测定。

三、实验原理

电化学氧化法降解有机污染物是一个很复杂的过程，其机理研究还在探索之中，一般认为，其原理是利用电极在电场的作用下，分解 H_2O 产生具有强氧化能力的羟基自由基，从而使许多难以降解的有机污染物分解为 CO_2 或其他简单的化合物。

高效液相色谱法是在经典色谱法的基础上，引用了液相色谱的理论，在技术上，流动相改为高压输送（最高输送压力可达 4.9107 Pa）；色谱柱是以特殊的方法用小粒径的填料填充而成，从而使柱效大大高于经典液相色谱（米塔板数可达几万或几十万）；同时柱后连有高灵敏度的检测器，可对流出物进行连续检测。

四、仪器与试剂

（1）高效液相色谱仪。

（2）电化学工作站。

（3）移液管：2 mL，5 mL。

（4）具塞离心管：10 mL，1.5 mL。

（5）电化学反应器（自制）：极板面积为 $12\ cm \times 8\ cm = 96\ cm^2$。

（6）烧杯：500 mL。

（7）移液管：1 mL，10 mL，50 mL。

（8）玻璃棒。

（9）量筒：100 mL。

（10）苯酚标准储备液（1000 mg/L）：称取 1.00 g 无色苯酚（C_6H_6OH）溶于水，移入 1000 mL 容量瓶中，稀释至标线。使用时当天配制。

（11）苯酚标准中间液（50 mg/L）：取苯酚标液储备液 5 mL，稀释至 100 mL。

（12）甲醇：色谱纯。

五、实验步骤

1. 样品采集

实验用 1000 mg/L 的苯酚标准液模拟高浓度苯酚废水。

2. 样品前处理

（1）电化学降解实验：①待降解含酚废水配制。准确量取 60 mL 的苯酚标准储备液（1000 mg/L）于 500 mL 的烧杯中，加入 240 mL 二次水得到浓度为 200 mg/L 的待降解含酚废水；再向烧杯中加入 2 g 无水硫酸钠，充分搅拌使无水硫酸钠全部溶解。②向电解槽内加入待处理浓度为 200 mg/L 含酚配水，加入量以恰好淹没极板为宜；连接好线路后，接通电源，调节电流大小为 2.88 A，此时对应的电流密度为 30 mA/cm^2，启动电源开始反应；电解时间为 30 min，反应完毕后关闭电源。③移取 10 mL 降解后溶液于 50 mL 比色管定容，按照步骤测定剩余苯酚的浓度。

（2）标准液系列配制：分别准确移取 0 mL、5 mL、10 mL、20 mL、50 mL 的苯酚标准中间液于 50 mL 容量瓶中，用甲醇稀释定容，得到浓度为 0 mg/L、5 mg/L、10 mg/L、20 mg/L、50 mg/L 的系列标准溶液，混匀待测。

（3）样品的制备：取水样约 1 mL（必要时需稀释），用 0.22 μm 滤膜将样液过滤入样品瓶中供高效液相色谱测定。

3. 分析条件

色谱柱：C18 色谱柱（4.6 mm×250 mm，5 μm）。
流动相：甲醇∶水=80∶20（体积比），等度洗脱。
流速：1.0 mL/min。
柱温：30 ℃。
进样量：20 μL。
紫外检测的检测波长：270 nm。

六、数据处理

利用式（6-1）计算苯酚的降解率：

$$\text{降解率}=\frac{C_{\text{初始}}-C_{\text{测定}}\times F}{C_{\text{初始}}}\times 100\% \tag{6-1}$$

式中 $C_{\text{初始}}$——初始废液中苯酚浓度，mg/L；
$C_{\text{测定}}$——上机测定样品中苯酚的浓度，mg/L；
F——稀释倍数。

通过计算确定待测高浓度含酚废水的苯酚降解率。

七、知识拓展

随着石油化工、树脂、焦炭、煤气等工业的发展，其所产生的含酚废水由于含有有毒物质（如苯酚、甲酚、二甲酚等）而越来越受到人们的广泛关注。电化学方法由于具有易于控制、易建立密闭循环和无二次污染等优点而逐步成为高效去除废水中有毒物质的技术之一。

内电解法：内电解法是利用铁屑中的铁和活性炭组分相互接触，组成无数微小原电池来处理废水的。在一定条件下，正极产生的H^+具有强还原性，能还原重金属离子和有机污染物，负极生成的Fe^{2+}也具有还原性，能将很多重金属离子还原。此外，生成的Fe^{3+}、Fe^{2+}经水解、聚合形成的氢氧化物聚合体以胶体形态存在，它们具有沉淀、絮凝及吸附作用，对有机污染物产生吸附和絮凝作用，从而使废水得到净化。内电解法有制作简单、操作方便、处理成本低等优点。

电化学氧化法：电化学氧化法有直接氧化法和间接氧化法，直接氧化法是在电极表面直接发生氧化还原反应，使污染物降解为无机小分子化合物，又称电化学燃烧过程；间接氧化法是通过阳极反应产生羟基自由基、臭氧、双氧水、次氯酸根离子等氧化剂而降解有机污染物的，这种方法能使有机污染物分子得到更加彻底的降解，不易产生中间物。此方法设备体积占地少，便于自动控制，不产生二次污染，但是该工艺降解有机物的电流效率低，能耗高，难以实现工业化，所以没有被广泛使用。

三维电极法：传统的二维电解槽在处理废水方面的应用由于其电极材料的低效率、电解时的高能耗、反应的慢速率等原因受到了限制。三维电极法是在传统的二维电解槽两极间填充粒状材料而构成的，这些粒状材料构成了无数个微电解池，有效地增加了有效电极面积，使反应速度加快，提高了电流效率，因此，粒状材料的研究是三维电极效率的关键。

电-Fenton试剂法：电-Fenton试剂法可以分为两种，一是利用阴极产物过氧化氢与投加的亚铁离子形成Fenton试剂，二是利用阳极产生的亚铁离子与投加的过氧化氢形成Fenton试剂。

八、思考题

（1）试分析哪些是电化学降解含酚废水的影响因素。

（2）电化学降解含酚废水有什么应用前景。

参考文献

[1] Ventura A, Jacquet G, Bermond A, et al. Electrochemical generation of the Fenton's reagent: Application to atrazine degradation [J]. Water Research, 2002, 36 (14): 3517-3522.

[2] Junko S, Jun Y. Inhibition of seawater on bisphenol A (BPA) degradation by Fenton reagents [J]. Environment International, 2004, 30 (2): 145-150.

[3] 许丽萍. 电化学方法降解含酚废水的研究 [D]. 重庆: 重庆大学, 2007.

实验 2　电化学氧化体系中羟基自由基的测定

一、实验背景

近年来，电化学氧化方法作为一种环境友好技术，具有环境兼容性好，不易产生二次污染，处理效率高，操作简便，易于实现自动化等特点，在治理环境污染方面已普遍受到人们的重视。该技术应用中所形成的·OH 选择性低、氧化性强，能够将生物难降解有机物矿化为 CO_2、H_2O 和无机离子，不易产生有毒中间体且无需后续处理。电化学氧化法是指通过电极反应氧化去除污水中污染物的过程，分为直接电化学氧化和间接电化学氧化。直接电化学氧化主要通过污染物在电极表面的直接电子转移来发生氧化还原反应，间接电化学氧化是通过电极反应之外的中间反应，使污染物氧化，从而将污染物转变为无害物质。

二、实验目的

（1）了解电化学产生羟基自由基的基本原理与反应过程。
（2）掌握苯捕获法捕获羟基自由基的原理和方法。
（3）熟练掌握使用高效液相色谱仪测定苯酚的方法。

三、实验原理

电化学氧化是通过外加电源在阴阳两极之间施加电场，使阴极表面发生还原反应，阳极表面发生氧化反应的过程。在电化学氧化处理废水过程中，一般通过阳极表面的直接氧化作用和产生的羟基自由基等活性物质的间接氧化作用以达到有机污染物降解和矿化的目的。

利用捕获剂和捕获反应对活性自由基间接测定是研究自由基化学的常用方法。本实验以苯（0.001 mol/L）为捕获剂捕获羟基自由基而产生苯酚，采用高效液相色谱（HPLC）对苯酚进行定量分析。用苯酚的产生量来指示水样中羟基自由基的产生量。

注：本实验用 HPLC 测定苯酚，反应液中苯氧化为苯酚的产率视为 100%，苯酚的生成量即为·OH 的生成量。

四、仪器与试剂

（1）高效液相色谱（HPLC）仪。

（2）容量瓶：100 mL，1 L。

（3）移液管：1 mL。

（4）比色管：25 mL。

（5）亚氧化钛电极。

（6）氯化钠溶液（0.5mol/L）：称取 2.925 g 氯化钠于 50 mL 烧杯中，加去离子水进行溶解，后用玻璃棒引流至 100 mL 容量瓶中，加水定容至 100 mL。

（7）硝酸钠溶液（0.5 mol/L）：称取 4.25 g 硝酸钠于 50 mL 烧杯中，加去离子水进行溶解，后用玻璃棒引流至 100 mL 容量瓶中，加水定容至 100 mL。

（8）硫酸钠溶液（0.5mol/L）：称取 7.1 g 硫酸钠于 50 mL 烧杯中，加去离子水进行溶解，后用玻璃棒引流至 100 mL 容量瓶中，加水定容至 100 mL。

（9）苯溶液（0.001 mol/L）：移取 0.88 mL 苯溶液于 1 L 容量瓶中，并用去离子水定容。

（10）苯酚标准曲线溶液配制：准确称取 0.09411 g 苯酚，用去离子水溶解到 100 mL 容量瓶中并定容，配成 0.01 mol/L 的苯酚溶液。分别取 5 mL 和 1 mL 的苯酚溶液（0.01 mol/L）于 10 mL 比色管中，用去离子水定容至 10 mL，配成 0.005mol/L 和 0.001mol/L 的苯酚溶液。

五、实验步骤

1. 不同电解质对羟基自由基产量的影响

采用浓度为 0.5 mol/L 的硫酸钠、硝酸钠、氯化钠溶液分别作为支持电解质，均在通电 15 min 左右开始检测亚氧化钛电极表面羟基自由基浓度，取 3 支 25 mL 比色管提取电解后的溶液，以苯为捕获剂，采用高效液相色谱（HPLC）法对苯酚进行定量分析。

2. 电解时间对羟基自由基产量的影响

采用 0.5 mol/L 氯化钠溶液作为电解质，电解时间分别为 0 min、1 min、

3 min、5 min、10 min 时，取 5 支 25 mL 比色管，提取电解后的溶液，加入苯捕获剂，检测水中苯酚的浓度。

六、数据处理

(1) 绘制苯酚的标准曲线。

(2) 对不同条件下测定的羟基自由基浓度进行动力学分析，并总结动力学方程。

七、知识拓展

羟基自由基是水溶液中最强的氧化剂之一，其氧化能力仅次于 F_2，在中性介质中的标准氧化电势为 2.32 eV。其氧化能力极强，与大多数有机污染物都可以发生快速的链式反应，无选择性地把有害物质氧化为 CO_2、H_2O 或矿物盐，无二次污染。羟基自由基的产生途径包括芬顿法、电化学法、超声降解和光催化等。近年来，电化学法产生羟基自由基处理有机废水受到了研究者的青睐，在难降解有机污染物处理方面卓有成效。

八、思考题

(1) 查阅文献，了解可以产生羟基自由基的其他方法。

(2) 分析不同电解质和不同电解时间对羟基自由基产量的影响。

参考文献

[1] 王仕良，张曾，黄干强．羟基自由基的产生与测定 [J]. 造纸科学与技术，2003，22 (6)：45-47，75.

[2] 吴峰．环境化学实验 [M]. 武汉：武汉大学出版社，2014.

[3] 谢树波．电生羟基自由基的检测及其在 2,4-二氯苯酚废水处理中的应用研究 [D]. 哈尔滨：哈尔滨工业大学，2019.

[4] 薛娟琴，蒋朦，于丽花，等．捕捉剂对电化学氧化体系中羟基自由基检测的影响特性 [J]. 分析科学学报，2015，31 (5)：606-610.

实验3 Cr（Ⅵ）的光催化还原

一、实验背景

Cr（Ⅵ）具有急性毒性，是一种已知的人类致癌物和致突变物，优良的溶解性导致其在水生系统中具有高度流动性。而Cr（Ⅲ）在大多数形式下被认为是无毒的，是人类营养中必不可少的微量金属。因此，在受污染的水体和土壤中，将Cr（Ⅵ）还原为Cr（Ⅲ）的反应受到了极大的关注。因为它们可以减少或消除Cr（Ⅵ）污染对水生生物和人类健康的威胁。在pH值高于5～7时，水体中的非络合Cr（Ⅲ）会水解成氢氧化物，强烈吸附在矿物和有机物表面，并与其他矿物共沉淀。Cr（Ⅲ）的沉淀和沉降构成了从湿地、湖泊和河口的水体中去除Cr的一个已知途径。在一般情况下，溶解的有机化合物对Cr（Ⅵ）的还原是一个缓慢的过程，湿地、湖泊和地表水的Cr（Ⅵ）污染在发生实质性减少之前就会大面积扩散，造成严重的生态风险。

多羧酸盐（如柠檬酸盐、草酸盐、酒石酸盐等）能与Fe（Ⅲ）形成较强配合物，具有较高的光化学活性。Fe（Ⅲ）-羧酸盐配合物在紫外-可见光照射下光解产生的Fe（Ⅱ）将Cr（Ⅵ）还原，同时Fe（Ⅱ）被进一步氧化为Fe（Ⅲ），从而实现了反应体系中Fe（Ⅲ）/Fe（Ⅱ）的循环，加快了Cr（Ⅵ）的还原反应。此外，Fe（Ⅲ）-羧酸盐配合物光解后，其次级光化学反应产生的HO_2·、O_2^-·、H_2O_2等也可对Cr（Ⅵ）进行光还原。

目前，主要是以草酸盐作为有机配合物参与Fe-有机化合物体系将Cr（Ⅵ）还原为Cr（Ⅲ）。

二、实验目的

（1）掌握光催化氧化还原的基本原理。

（2）理解Fe（Ⅲ）-草酸盐配合物体系的电子迁移途径。

（3）通过实验给出Fe（Ⅲ）-草酸盐配合物体系对Cr（Ⅵ）的光还原的最佳条件。

三、实验原理

Fe（Ⅲ）-草酸盐配合物广泛存在于环境中，尤其在天然水相（包括雨水、云水、雾水等大气水相、地表水等）中的存在，构成了天然水相的常见成分。

自20世纪50年代起，大量的研究指出Fe（Ⅲ）-草酸盐配合物具有高的光解效率。铁（Ⅲ）-草酸盐配合物体系在高压汞灯（$\lambda \geqslant 365$ nm）的照射下，发生光解的过程，可能涉及以下主要反应：

$$Fe(Ⅲ)-O_x + \xrightarrow{h\nu} Fe(Ⅱ)-O_x + O_x^- \cdot + \cdots \qquad (6\text{-}2)$$

Fe（Ⅲ）-草酸盐配合物光解产生的还原性自由基 $O_x^- \cdot$（$C_2O_4^- \cdot$ 和 $CO_2^- \cdot$）可以对某些环境污染物（如全氯烷烃等）进行光化学还原。而体系中由Fe（Ⅲ）光化学还原生成的Fe（Ⅱ）则是将Cr（Ⅵ）还原为Cr（Ⅲ）的主要还原剂，

$$Cr(Ⅵ) + Fe(Ⅱ) \longrightarrow Cr(Ⅲ) + Fe(Ⅲ) \qquad (6\text{-}3)$$

四、仪器与试剂

（1）可见分光光度计。

（2）pH计。

（3）高压汞灯：125 W，$\lambda \geqslant 365$ nm。

（4）自转式光反应器。

（5）秒表。

（6）比色管。

（7）三氯化铁储备液（0.5 mol/L）：称取3.4 g三氯化铁，溶解于水，用盐酸调至pH<1，移入250 mL容量瓶中，加水稀释至标线。

（8）三氯化铁使用液（1.0 mmol/L）：吸取10.00 mL三氯化铁储备液至500 mL容量瓶中，加水稀释至标线。临用时配制。

（9）草酸钠储备液（0.06 mol/L）：称取2.01 g草酸钠，溶解于水，移入250 mL容量瓶中，加水稀释至标线。

（10）草酸钠使用液（1.2 mmol/L）：吸取10.00 mL草酸钠储备液至500 mL容量瓶中，加水稀释至标线。临用时配制。

（11）铬标准储备液：称取0.1414 g重铬酸钾（105～110 ℃烘干2 h，干燥器中放冷），溶解于水，移入1000 mL容量瓶中，加水稀释至标线。此溶液每毫升含50.0 μg Cr（Ⅵ）。

（12）铬标准溶液：吸取20.00 mL储备液至1000 mL容量瓶中，加水稀释至标线。此溶液每毫升含1.00 μg Cr（Ⅵ）。临用时配制。

(13) 二苯碳酰二肼显色剂：溶解 0.20 g 二苯碳酰二肼于 100 mL 5%的乙醇中，一边搅拌，一边加入 400 mL (1∶9) 硫酸。存放于冰箱中，可用一个月。

(14) 硫酸 (1∶9)：取 360 mL 水，一边搅拌一边加入 40 mL 浓硫酸。

(15) 盐酸 (0.1 mol/L)：取 200 mL 水，一边搅拌一边加入 1.8 mL 浓盐酸。

(16) 氢氧化钠 (0.1 mol/L)：称取 0.8 g 氢氧化钠溶于 200 mL 水中。

五、实验步骤

1. Cr (Ⅵ)标准曲线的绘制

依次取铬标准溶液 0 mL、0.4 mL、0.8 mL、1.2 mL、1.6 mL 和 2.0 mL，至 10 mL 比色管中，加水稀释至标线，加入 1 mL 显色剂，混匀，放置 10 min，用 1 cm 比色皿，在波长 540 nm 处，以试剂空白为参比，测定吸光度，绘制标准曲线。

2. 影响因素实验

(1) pH 值的影响：①取 200 mL 小烧杯 8 个，配制 1.0 mg/L Cr (Ⅵ) 水溶液，使得其中含有 10 μmol/L 的 Fe (Ⅲ) 和 120 μmol/L 的草酸盐，用盐酸调节 pH 值至 3.0、3.5、4.0、4.5、5.0、5.5、6.0、7.0。②把上述 8 个溶液分别转移到 8 个 100 mL 容量瓶中，定容至 100 mL。③将上述 8 个反应液，用 10 mL 移液管准确移取 10 mL 到 8 支干燥的 10 mL 比色管中。④将上述 8 支 10 mL 比色管，置于自转式光反应器中进行光化学反应。光照 5 min 后停止光反应器，用 2 mL 移液管取 2 mL 样品，稀释到 10 mL，立即加入 1.00 mL 二苯碳酰二肼显色剂，摇匀，显色 10 min，在 540 nm 处，以 1 cm 的比色皿测定其吸光度，确定残余的 Cr (Ⅵ) 浓度。

(2) Fe (Ⅲ) 浓度的影响 (O_x=120 μmol/L)：取 200 mL 小烧杯 6 个，配制 1.0 mg/L Cr (Ⅵ) 水溶液，使得其中含有 120 μmol/L 的草酸盐，含 Fe (Ⅲ) 的量分别为 2 μmol/L、5 μmol/L、10 μmol/L、15 μmol/L、20 μmol/L、25 μmol/L，用盐酸调节 pH 值至最优点。以下步骤同 (1) 中的②～④。

(3) 草酸盐浓度的影响：取 200 mL 小烧杯 4 个，配制 1.0 mg/L Cr (Ⅵ) 水溶液，使得其中含有 10 μmol/L 的 Fe (Ⅲ)，含草酸盐的量分别为 30 μmol/L、60 μmol/L、120 μmol/L、240 μmol/L，用盐酸调节 pH 值至最优点。以下步骤同 (1) 中的②～④。

（4）Cr（Ⅵ）浓度的影响（$Fe/O_x=10/120$）：取 200 mL 小烧杯 4 个，配制 0.5 mg/L、1.0 mg/L、2.0 mg/L、5.0 mg/L Cr（Ⅵ）水溶液，使得其中含有 10 μmol/L 的 Fe（Ⅲ）和 120 μmol/L 的草酸盐，用盐酸调节 pH 值至最优点。以下步骤同（1）中的②～④。

3. 废水处理

（1）取 200 mL 小烧杯 1 个，配制 Cr（Ⅵ）模拟废水，加入一定量的 $FeCl_3$ 和 $K_2C_2O_4$ 使用液，使得混合液中含有 Fe（Ⅲ）、$C_2O_4^{2-}$ 和 Cr（Ⅵ）量为影响因素实验所确定的最优量，并调节其 pH 值为最佳 pH 值。

（2）把上述溶液转移到 100 mL 容量瓶中，定容至 100 mL。

（3）用 10 mL 移液管准确移取 10 mL 到 8 支干燥的 10 mL 比色管中。置于自转式光反应器中进行光化学反应。每隔一定时间取样品一支，立即加入 1.00 mL 二苯碳酰二肼显色剂，摇匀，显色 10 min，在 540 nm 处，以 1 cm 的比色皿测定其吸光度，确定残余的 Cr（Ⅵ）浓度。

六、数据处理

1. 标准曲线数据及回归方程

在此实验条件下，Cr（Ⅵ）的光降解反应为一级反应，则有

$$\ln \frac{C_t}{C_0} = -k_p t \tag{6-4}$$

式中 C_0——Cr（Ⅵ）的初始浓度，mg/L；

C_t——Cr（Ⅵ）光照后的浓度，mg/L；

t——光照时间，h；

k_p——光褪色反应速率常数，h^{-1}。

因此，以 ln（C_t/C_0）对 t 作图应为一直线，用最小二乘法可拟合得出直线的回归方程。

由此可由下式计算 Cr（Ⅵ）在水溶液中的光解半衰期：

$$t_{1/2} = \frac{\ln 2}{k_p} \tag{6-5}$$

2. 去除效率

$$去除效率 = \frac{C_0 - C_t}{C_0} \times 100\% \tag{6-6}$$

式中 C_0 和 C_t——Cr（Ⅵ）光照前后的浓度，mg/L。

七、知识拓展

铬污染最常见的是水体污染，如电镀铬、制革、制药、印染业等应用铬及其化合物的工业企业排放的废水，主要以 Cr（Ⅲ）和 Cr（Ⅵ）两种价态进入环境。据资料介绍，制革工业通常处理 1 t 原皮，要排出含铬为 410 mg/L 的废水 50～60 t。炼油厂和化工厂所用的循环冷却水中含铬量也较高。镀铬厂的废水中含铬量更高，尤其在换电镀液时，常排放出大量含铬废水。铬对水体的污染不仅在我国而且在世界各国都已相当严重了。世界各国普遍把铬污染列为重点防治对象。

天然水体中铬的质量浓度一般在 1～40 μg/L 之间，主要以 Cr^{3+}、CrO_2^-、CrO_4^{2-}、$Cr_2O_2^{7-}$ 四种离子形态存在，水体中铬主要以 Cr（Ⅲ）和 Cr（Ⅵ）的化合物为主。铬的存在形态直接影响其迁移转化规律。Cr（Ⅲ）大多数被底泥吸附转入固相，少量溶于水，迁移能力弱。Cr（Ⅵ）在碱性水体中较为稳定并以溶解状态存在，迁移能力强。因此，水体中若 Cr（Ⅲ）占优势，可在中性或弱碱性水体中水解，生成不溶的氢氧化铬和水解产物或被悬浮颗粒物强烈吸附后存在于沉积物中，若 Cr（Ⅵ）占优势则多溶于水中。Cr（Ⅵ）毒性一般为 Cr（Ⅲ）毒性的 100 多倍，但铬可由 Cr（Ⅵ）还原为 Cr（Ⅲ），还原作用的强弱主要决定于溶氧水平、BOD_5、COD 的值，溶氧水平越低，BOD_5 值和 COD 值越高，则还原作用越强。

八、思考题

（1）试述本实验的反应机理。

（2）Fe（Ⅲ）-草酸盐配合物体系的光化学性质有哪些？

（3）除 Fe（Ⅲ）-草酸盐配合物体系外，目前还有哪些光催化体系（不是催化剂）可有效还原 Cr（Ⅵ）？

参考文献

[1] Losi M E，Amrhein C，Frankenberger W T. Factors affecting chemical and biological reduction of hexavalent chromium in soil [J]. Environmental Toxicology and Chemistry，1994，13（11）：1727-1735.

[2] 国家环境保护局．水和废水监测分析方法 [M]. 北京：中国环境科学出

版社，2002.

[3] 廖自基．环境中微量重金属元素的污染危害与迁移转化 [M]. 北京：科学出版社，1989.

[4] 吴峰．环境化学实验 [M]. 武汉：武汉大学出版社，2014.

[5] 张琳，肖玫，吴峰，等．光化学还原法处理六价铬模拟废水的试验研究 [J]. 水处理技术，2005，31 (6)：35-37.

实验4　重金属污染土壤修复淋洗液筛选及条件优化

一、实验背景

农田土壤重金属污染对农业生产力、食品安全和人类健康构成了严重的威胁。由于金属无法被生物降解，只能从一种化学状态转化为另一种化学状态，并且金属在土壤中具有高度持久性，一旦土壤被重金属污染，则很难恢复土壤环境。超标的重金属含量可直接影响植物的生长和产量，铊（Tl）、铬（Cr）、汞（Hg）、银（Ag）、铅（Pb）、铀（U）和镉（Cd）等金属对大多数植物和其他生物体具有较高的毒性。除了作物的健康风险外，积累的证据发现，许多人类疾病与重金属暴露有关。例如，高水平的铜暴露会导致脑和肾损伤、肝硬化和肠道刺激；镉超标是引发人类肺气肿、骨质疏松症和癌症的原因；铅暴露导致神经系统的变化，导致神经功能丧失。因此，一旦重金属通过食物链进入人体，将对人类健康产生不利影响。

目前，针对土壤超标重金属的物理化学修复策略包括热解修复、土壤淋洗、电动修复和化学改良等。其中，淋洗技术指向土壤施加淋洗剂，通过解吸、络合等作用，使其中的重金属随淋洗剂迁移出土壤。该方法可淋洗出土壤中绝大部分重金属，适用于多种复杂环境下土壤重金属污染的修复，具有广阔的应用前景。常见的淋洗剂包括无机淋洗剂、有机酸和表面活性剂等，在实际使用的过程中均存在一定的局限性，选取一种高效经济的环境友好型淋洗剂至关重要。

二、实验目的

（1）了解不同类型淋洗剂淋洗土壤中重金属的原理。

（2）掌握淋洗剂淋洗土壤中重金属的实验方法。

三、实验原理

无机淋洗剂其作用机制主要是通过酸溶解、离子交换或络合作用来破坏土壤的某些官能团，将重金属交换解吸下来，溶于土壤溶液中并洗出。尽管无机淋洗剂对重金属的去除效果好，价格相对低廉，但可能对土壤造成二次污染甚至破坏使得土壤无法再利用。

有机酸淋洗的原理是其与重金属形成稳定的络合物，溶解出难溶性重金属物质，使重金属从土壤中迁移、提取出来，达到分离土壤中的污染物和清洗土壤的目的。

表面活性剂是指加入少量就能使溶剂的表面张力显著降低从而改变体系界面状态的一类物质，它具有特殊的两亲分子结构，能改变体系的界面性质，产生分散、润湿、增溶、渗透、乳化、发泡等系列作用，具有洗涤、促溶、分散、润湿、乳化、杀菌等多种应用性能及功效，在日用工业、材料、食品、电子、生物领域应用广泛。

四、仪器与试剂

(1) 恒温摇床。
(2) 电热板。
(3) 原子吸收分光光度计。
(4) 大容量高速离心机。
(5) 玻璃纤维滤膜：0.45 μm。
(6) 离心管：50 mL。
(7) 硝酸镉 [$Cd(NO_3)_2 \cdot 4H_2O$]：分析纯。
(8) 柠檬酸：分析纯。
(9) 苹果酸：分析纯。
(10) 单宁酸：分析纯。
(11) 鼠李糖脂。
(12) 盐酸：分析纯。
(13) 硝酸：分析纯。
(14) 乙酸：分析纯。
(15) 盐酸羟胺：分析纯。
(16) 过氧化氢：分析纯。
(17) 醋酸铵：分析纯。

五、实验步骤

1. 土壤预处理

供试土壤可选取校园内林地表层土，取样深度为 0～10 cm。在自然条件下，研磨过筛（孔径为 1 mm），放入 105 ℃烘箱中烘干，并储存于洁净的广口瓶中。

参考《土壤环境质量　农用地土壤污染风险管控标准（试行）》（GB 15618—2018）中农用地风险管制值和土壤污染程度分级标准：污染物含量是标准值 2～3 倍（含）之间的，为轻度污染；3～5 倍（含）之间的，为中度污染；5 倍以上的，为重度污染。实验设置外加 Cd 的含量为 9 mg/kg、15 mg/kg、24 mg/kg。土壤置于一定量的 $Cd(NO_3)_2 \cdot 4H_2O$ 溶液中并充分混匀，加入超纯水使含水量达到 60%左右，定期观察并及时补充水分，保持土壤的含水量，连续搅拌一周，置于自然状态下，稳定 6 个月，避免二次污染，得到轻度、中度和重度污染水平的土壤，模拟土壤中不同形态的 Cd 含量，并通过 BCR 连续提取法明确模拟土壤中不同形态 Cd 和总 Cd 的含量。

2. 不同淋洗剂的筛选

准确称取轻度、中度、重度污染土壤各 1.0 g，置于一系列 50 mL 离心管中，分别加入 20 mL 5 mmol/L、10 mmol/L、20 mmol/L、50 mmol/L 和 100 mmol/L 的淋洗液（柠檬酸、苹果酸、单宁酸、鼠李糖脂），恒温振荡一定时间以后，于 3500 r/min 离心 15 min，上清液过 0.45 μm 滤膜并定容至 10 mL，采用原子吸收分光光度计测定滤液中 Cd 的浓度，计算滤液对土样中 Cd 的淋洗量及淋洗率，设置三组平行实验。

3. 同一淋洗剂不同液固比的淋洗筛选

以柠檬酸为例，依次称取 1 g 供试土样于一系列 50 mL 离心管内，分别加入 20 mL 浓度为 10 mmol/L 的柠檬酸淋洗液，固定液固比为 5∶1、10∶1、15∶1、20∶1、25∶1，置于 220 r/min 的恒温摇床中进行 4 h 振荡淋洗。淋洗结束后按照上述操作步骤 2 依次进行离心、过滤、定容。设置三组平行实验。

4. 同一淋洗剂不同淋洗时间的淋洗筛选

以柠檬酸为例，依次称取 1 g 供试土样于一系列 50 mL 离心管内，分别加入 20 mL 浓度为 10 mmol/L 的柠檬酸淋洗液，置于 220 r/min 的恒温摇床中分别进行 1 h、2 h、4 h、6 h、8 h、10 h 振荡淋洗。淋洗结束后按照上述操作步骤 2 进行离心、过滤、定容。设置三组平行实验。

5. BCR 提取

称取 1 g 淋洗后或未处理样品，按照改进 BCR 法对不同形态的 Cd 进行提取。实验设置三个平行。

（1）弱酸态：称取 1 g 土壤样品，加入 40 mL 0.11 mol/L 的乙酸，室温振荡 16 h，3000 r/min 离心 20 min。

（2）可还原态：在弱酸提取后的残渣中加入 40 mL 0.1 mol/L 盐酸羟胺，调节 pH 值为 1.5，室温下振荡 16 h，3000 r/min 离心 20 min。

（3）可氧化态：在可还原态提取后的残渣中加入 10 mL 过氧化氢，调节 pH 值在 2～3 之间，85 ℃下水浴 1 h，随后加入醋酸铵（pH＝2.0），室温下振荡 16 h，3000 r/min 离心 20 min。

（4）残渣态：在氧化态提取后的残渣中加入 3 mL 蒸馏水，7.5 mL 6 mol/L HCl 和 2.5 mL 14 mol/L HNO_3，室温下静置过夜，逆流煮沸 2 h，冷却并过滤。

（5）收集不同形态提取液，过滤、定容。

6. 测定重金属离子含量

采用原子吸收分光光度计测定重金属离子含量。

六、数据处理

（1）计算不同淋洗剂对土壤中不同形态重金属的淋洗去除率。

（2）计算同一淋洗剂不同液固比对土壤中不同形态重金属的淋洗去除率。

（3）计算同一淋洗剂不同淋洗时间对土壤中不同形态重金属的淋洗去除率。

七、知识拓展

除实验中提到的常用的四种淋洗剂外，还有螯合剂淋洗剂和复合淋洗剂。螯合剂淋洗剂通过强螯合作用与土壤中的重金属离子结合，使重金属从土壤颗粒表面解吸分离出来，为淋洗或植物的吸收创造有利条件。复合淋洗剂在一定条件下将适宜的淋洗剂混合，通过它们之间的协同作用和性质互补，可以增强淋洗剂的去污修复能力，提高土壤修复效果，即良好的复配体系是优化单一淋洗剂修复性能的有效途径，能大大改善污染土壤修复效果。

土壤淋洗修复技术在土壤修复产业中占有相当大的比重。随着我国工业的发展和产业结构的不断调整，高污染、高耗能企业转产，土地利用功能发生转化这一过程必然会产生大量有待于进行土壤修复的场地。在欧美环保产业发达国家，土壤修复产业已占到整个环保产业的50%以上。

八、思考题

（1）简述不同淋洗剂去除土壤中重金属的主要机制的异同。

（2）如何收集处理或资源化利用淋洗废液？

参考文献

[1] 丁宁，徐贝妮，彭灿，等．比较两种表面活性剂淋洗去除土壤中的重金属 [J]. 环境工程学报，2017，11（11）：6147-6154.

[2] 董德明，朱利中．环境化学实验 [M].2版．北京：高等教育出版社，2009.

[3] 桂松，朱雷鸣，陈慧娴，等．柠檬酸发酵液-氯化盐复合淋洗液制备及重金属污染土壤修复试验研究 [J]. 中国沼气，2021，39（3）：85-91.

[4] 李玉双，胡晓钧，孙铁珩，等．污染土壤淋洗修复技术研究进展 [J]. 生态学杂志，2011，30（3）：596-602.

[5] 唐冰．表面活性剂对土壤重金属/芳烃污染物淋溶影响研究 [D]. 贵州：贵州大学，2019.

[6] 杨悦．不同淋洗剂对含Cd污染土壤淋洗修复的研究 [D]. 昆明：昆明理工大学，2021.

附 录

附录1　实验室安全须知

一、实验室环境与管理

（1）实验室门口挂有安全信息牌（包括安全责任人、实验室名称、有效应急联系电话）；凡是更换锁，必须报给实验室管理部门，并提交备用钥匙。

（2）实验室内通道畅通，无堆放仪器、物品和与实验不相关杂物现象。

（3）实验区与学习区明确分开，布局合理，室内卫生状况良好，符合防火要求。

（4）实验过程中必须要始终有人值守，配备相应的防护措施，并做好应急预案，实验开始前和实验结束后都要对设备进行检查，并将运行情况进行记录。

（5）杜绝实验室开门无人现象。

二、水电安全

（1）不许私自改装和乱拉乱接电线。

（2）电线、电源插座必须固定，插座、插头无破损现象。

（3）大功率仪器不能够使用同一个接线板，长期不用的仪器应拔出电源插头。

（4）电闸箱前不可以放高温设备，不可以被遮挡。

（5）水槽边不得安装电源插座。

（6）使用冷却冷凝系统的管路无老化现象，水龙头开着时要有人值守。

三、化学药品和废弃物处置管理

（1）化学试剂的购买、使用必须按照《危险化学品安全管理条例》（国务院令第 591 号）、公安部《易制爆危险化学品名录》（2017 版）、《易制毒化学品的分类和品种目录》（2018 版）和《特别管控危险化学品目录》的要求，按照学校具备的资质，由学校统一购买，绝不允许私自购买。

（2）化学试剂必须存放在有锁的试剂柜中，专人保管，建立动态使用登记台账，按照 DB11/T 1191.2—2018 标准储存和使用。

（3）药品应有序分类存放，在柜门外粘贴柜内药品明细和管理人姓名及联系方式。

（4）液体试剂要存放在药品柜的下层，配托盘类容器防泄漏。

（5）对于易燃、易制爆、易制毒等各种危险化学品，要单独存放在有双锁和警示标识的专用药品柜，双人保管，双人取用，并做好领用、使用、处置记录。

（6）化学实验后的废液，应该及时倒入带有标识的废液分类容器，不可以随意倒入下水道。

（7）废药剂和废液要及时集中清理，固废（含手套、空试剂瓶、药品沾染物、碎玻璃渣等）一定按规定分类收集。

（8）废液标签要注明主要成分、产生单位、送储人等信息。

四、实验气瓶管理

（1）购买气瓶必须是经过认证，带有合格标识，有资质的正规生产厂家的产品，并按照 DB11/T 1191.2—2018 标准储存和使用。

（2）建立气瓶使用台账，钢瓶应放入气瓶柜中，字体清楚，有状态标识。

（3）可燃气体不能够与氧气等助燃气体混放。

（4）气体钢瓶存放要远离热源。

（5）气瓶柜要有报警器，普通惰性气瓶也要用气瓶架固定，不可以随意摆放。

（6）气体管路选择耐压的钢、铜等材质，无老化、破损现象，管路连接正确。

（7）气体管路要整齐规范、要有标识，管路走向要沿墙壁固定，每条管路要有单向止回阀，防止回气，不可以随意走线。

（8）气瓶要有当年的年检证明。

（9）废旧气瓶要及时处理，长期不使用气瓶要及时退回，不在实验室存放。

五、高温、高压等仪器设备安全管理

（1）仪器设备要有专人操作、管理，做好运行、维护记录。

（2）所有仪器设备要在显著位置粘贴警示标识和简要操作规程。

（3）仪器设备使用完毕及时关闭电源和气源。

（4）储存药剂的冰箱要有锁，冰箱外要粘贴存放物品明细，冰箱内药剂要密封好，普通冰箱不能存放易燃易爆物品，不能放置食品。

（5）烘箱、高温炉等高温设备附近不能存放气体钢瓶、易燃易爆化学品，不能堆放杂物和出现影响散热现象。

（6）高温炉内填充实验物料严格按照设备技术要求的量，不许超量，每次使用完毕，必须将炉内杂物清理干净，严禁使用纸、塑料等易燃物做物料容器。

（7）高温设备摆放要远离电源箱和配电柜，学生使用高温炉和易燃易爆气瓶时必须向导师提出申请，并写出具体操作过程、物料名称、用量、实验室地点和使用时间段、实验操作人员和导师联系电话。在仪器附近放置使用记录本，详细记录使用情况。杜绝无人值守现象。

（8）对于损坏和超期的仪器设备要及时报废清理。

附录 2 环境样品采集与监测相关标准索引

一、水环境

（1）《污水监测技术规范》（HJ 91.1—2019），2020-03-24 实施。

（2）《地表水和污水监测技术规范》（HJ/T 91—2002），2003-01-01 实施。

（3）《地下水环境监测技术规范》（HJ 164—2020），2021-03-01 实施。

（4）《地表水自动监测技术规范（试行）》（HJ 915—2017），2018-04-01 实施。

（5）《近岸海域环境监测技术规范》（HJ 442—2020），2021-03-01 实施。

（6）《近岸海域水质自动监测技术规范》（HJ 731—2014），2015-01-01 实施。

（7）《近岸海域环境监测点位布设技术规范》（HJ 730—2014），2015-01-01 实施。

（8）《水污染物排放总量监测技术规范》（HJ/T 92—2002），2003-01-01 实施。

二、大气环境

(1)《环境空气质量监测点位布设技术规范(试行)》(HJ 664—2013),2013-10-01 实施。

(2)《室内环境空气质量监测技术规范》(HJ/T 167—2004),2004-12-09 实施。

(3)《环境空气质量手工监测技术规范》(HJ 194—2017),2018-04-01 实施。

(4)《环境空气颗粒物($PM_{2.5}$)手工监测方法(重量法)技术规范》(HJ 656—2013),2013-08-01 实施。

(5)《酸沉降监测技术规范》(HJ/T 165—2004),2004-12-09 实施。

(6)《恶臭污染环境监测技术规范》(HJ 905—2017),2018-03-01 实施。

(7)《固定源废气监测技术规范》(HJ/T 397—2007),2008-03-01 实施。

(8)《固定污染源烟气(SO_2、NO_x、颗粒物)排放连续监测技术规范》(HJ 75—2017),2018-03-01 实施。

(9)《危险废物(含医疗废物)焚烧处置设施二噁英排放监测技术规范》(HJ/T 365—200),2008-01-01 实施。

三、土壤环境

(1)《土壤环境监测技术规范》(HJ/T 166—2004),2004-12-09 实施。

(2)《区域性土壤环境背景含量统计技术导则(试行)》(HJ 1185—2021),2021-08-01 实施。

(3)《建设用地土壤污染状况调查技术导则》(HJ 25.1—2019),2019-12-05 实施。

四、其他

(1)《环境振动监测技术规范》(HJ 918—2017),2018-04-01 实施。

(2)《环境噪声监测技术规范 城市声环境常规监测》(HJ 640—2012),2013-03-01 实施。

(3)《功能区声环境质量自动监测技术规范》(HJ 906—2017),2018-03-01 实施。

(4)《辐射事故应急监测技术规范》(HJ 1155—2020),2021-03-01 实施。

(5)《突发环境事件应急监测技术规范》(HJ 589—2010),2011-01-01 实施。

(6)《核动力厂核事故环境应急监测技术规范》(HJ 1128—2020),2020-06-30 实施。

附录 3　环境化学实验室常用试剂的使用与保存

试剂应是指市售包装的化学试剂或化学药品。用试剂配成的各种溶液应称为某某溶液或试液。但这种称呼并不严格，常常是混用的。

试剂标准化的开端源于 19 世纪中叶，德国伊默克公司的创始人伊马纽尔·默克（Emanuel Merck）1851 年声明要供应保证质量的试剂，并在 1888 年出版了伊默克公司化学家克劳赫（Krauch）编著的《化学试剂纯度检验》。在伊默克公司的影响下，世界上其他国家的试剂生产厂家很快也出版了这类汇编。我国的化学试剂标准分国家标准、部颁标准和企业标准 3 种，在这 3 种标准中，部颁标准不得与国家标准相抵触，企业标准不得与国家标准和部颁标准相抵触。

一、试剂的分类

试剂规格又叫试剂级别或试剂类别。我国试剂的规格基本上按纯度划分，共有高纯、光谱纯、基准、分光纯、优级纯、分析纯和化学纯 7 种。国家和主管部门颁布质量指标的主要是优级纯、分析纯和化学纯 3 种。

（1）优级纯，属于一级试剂，标签颜色为绿色。这类试剂的杂质很低，主要用于精密的科学研究和分析工作，相当于进口试剂“G. R.”（保证试剂）。

（2）分析纯，属于二级试剂，标签颜色为金光红。这类试剂的杂质含量低，主要用于一般的科学研究和分析工作，相当于进口试剂的“A. R.”（分析试剂）。

（3）化学纯，属于三级试剂，标签颜色为中蓝。这类试剂的质量略低于分析纯试剂，用于一般的分析工作。相当于进口试剂“C. P.”（化学纯）。

除上述试剂外，还有许多特殊规格的试剂，如指示剂、生化试剂、生物染色剂、色谱用试剂及高纯工艺用试剂等。

环境化学实验中一般都用分析纯试剂配制溶液，较少使用化学纯试剂。标准溶液和标定剂通常都用分析纯或优级纯试剂。微量元素分析一般用分析纯试剂配制溶液，用优级纯试剂或纯度更高的试剂配制标准溶液。光谱分析用的标准物质必须用光谱纯试剂（spectroscopicpure，S. P.），其中几乎不含能干扰待测元素光谱的杂质。不含杂质的试剂是没有的，即使是极纯粹的试剂，对某些特定的分析，不一定符合要求，在选用试剂时应当加以注意。不同级别的试剂价格有时相差很大。因此，不需要用高一级的试剂时就不用。

二、化学试剂使用及管理

环境化学实验所需的化学试剂及试剂溶液种类繁多，化学试剂大多数具有一定的毒性及危险性，对其加强管理不仅是保证分析数据质量的需要，也是确保安全的需要。实验室用化学试剂共分8类：爆炸品，压缩气体和液化气体，易燃液体，易燃固体、自燃物品和遇湿易燃物品，氧化剂和有机过氧化物，有毒品，放射性物品，腐蚀品。实验室只宜存放少量短期内需用的试剂。化学试剂存放时应按照酸、碱、盐、单质、指示剂、溶剂、有毒试剂等分别存放，无机物可按酸、碱、盐分类；盐类试剂很多，可先按阳离子顺序排列，同一阳离子的盐类再按阴离子顺序排列，或可按周期表金属元素顺序排列，例如钾盐、钠盐等；有机物可按官能团分类，如烃、醇、酚、酮、酸等。另外也可以按应用分类，如基准物、指示剂、色谱固定液等。强酸、强碱、强氧化剂、易燃品、剧毒品、易臭和易挥发试剂应单独存放于阴凉、干燥、通风之处，特别是易燃品和剧毒品应放在危险品库或单独存放。试剂橱中更不得放置氨水和盐酸等挥发性试剂，否则会使全橱试剂都遭到污染。

1. 危险品化学试剂

（1）易爆和不稳定物质：过氧化氢、有机过氧化物等。

（2）氧化性物质：氧化性酸、过氧化氢等。

（3）可燃性物质：除易燃的气体、液体、固体，还包括在潮气中会生成可燃气体的物质，如碱金属的氧化物、碳化钙及接触空气自燃的物质（如白磷）等。

（4）剧毒物质：氰化钾、三氧化二砷等。

2. 实验室试剂存放要求

（1）易燃易爆试剂应储存于铁柜中，柜的顶部有通风口。严禁在实验室存放20 L的瓶装易燃液体。易燃易爆试剂不要放在冰箱内（防爆冰箱除外）。

（2）相互混合或接触后可以产生剧烈反应、燃烧、爆炸、放出有毒气体的两种以上的化合物称为不相容化合物，不能混放。这种化合物多为强氧化性物质与还原性物质。

（3）腐蚀性试剂宜放在塑料或搪瓷的盘或桶中，以防因瓶子破裂造成事故。

（4）要注意化学试剂的存放期限，一些试剂在存放过程中会逐渐变质，甚至形成危害物。醚类、四氢呋喃、二氧六环、烯烃、液体石蜡等在见光条件下若接触空气可形成过氧化物，放置越久越危险。乙醚、异丙醚、丁醚、四氢呋喃、二氧六环等若未加阻化剂（对苯二酚、苯三酚、硫酸亚铁等），存放期不得超过一年。

（5）药品柜和试剂溶液均应避免阳光直晒及靠近暖气等热源。要求避光的试剂应装于棕色瓶中或用黑纸、黑布包好存于柜中。

（6）发现试剂瓶上的标签掉落或将要模糊时应立即贴好标签。无标签或标签无法辨认的试剂都要当成危险物品重新鉴别后小心处理，不可随便乱扔，以免引起严重后果。

（7）剧毒品应锁在专门的毒品柜中，建立双人登记签字领用制度。

三、一般试剂的配制和使用

试剂的配制，按具体的情况和实际需要的不同，有粗配和精配两种方法。

1. 试剂的粗配

一般实验用试剂，没有必要使用精确浓度的溶液，使用近似浓度的溶液就可以得到满意的结果，如盐酸、氢氧化钠和硫酸亚铁等溶液。这些物质都不稳定，或易于挥发吸潮，或易于吸收空气中的 CO_2，或易被氧化而使其物质的组成与化学式不相符。用这些物质配制的溶液就只能得到近似浓度的溶液。在配制近似浓度的溶液时，只要用一般的仪器就可以。例如，用粗天平来称量物质，用量筒来量取液体。通常只要一位或两位有效数字，这种配制方法叫粗配。近似浓度的溶液要经过用其他标准物质进行标定，才可间接得到其精确的浓度。如酸、碱标准液，必须用无水碳酸钠、邻苯二甲酸氢钾来标定才可得到其精确的浓度。这样的溶液可用粗配的方法进行配制。

2. 试剂的精配

有时候，则必须使用精确浓度的溶液。例如，在制备定量分析用的试剂溶液，即标准溶液时，就必须用精密的仪器，如分析天平、容量瓶、移液管和滴定管等，并遵照实验要求的准确度和试剂特点精心配制。通常要求浓度具有四位有效数字，这种配制方法叫精配。如重铬酸盐、碱金属氧化物、草酸、草酸钠、碳酸钠等能够得到高纯度的物质，它们都具有较大的分子量，贮藏时稳定，烘干时不分解，物质的组成精确地与化学式相符合，可以直接得到标准溶液。试剂配制的注意事项和安全常识，定量分析中都有详细的论述，可参考有关的书籍。

附录4 我国环境质量相关标准索引

一、水环境

(1)《地表水环境质量标准》(GB 3838—2002),2002-06-01 实施。

(2)《海水水质标准》(GB 3097—1997),1998-07-01 实施。

(3)《渔业水质标准》(GB 11607—89),1990-03-01 实施。

(4)《农田灌溉水质标准》(GB 5084—2021),2021-07-01 实施。

二、大气环境

(1)《环境空气质量标准》(GB 3095—2012),2016-01-01 实施。

(2)《室内空气质量标准》(GB/T 18883—2002),2003-03-01 实施。

(3)《乘用车内空气质量评价指南》(GB/T 27630—2011),2012-03-01 实施。

三、土壤环境

(1)《土壤环境质量 农用地土壤污染风险管控标准(试行)》(GB 15618—2018),2018-08-01 实施。

(2)《土壤环境质量 建设用地土壤污染风险管控标准(试行)》(GB 36600—2018),2018-08-01 实施。

(3)《温室蔬菜产地环境质量评价标准》(HJ 333—2006),2007-02-01 实施。

(4)《食用农产品产地环境质量评价标准》(HJ 332—2006),2007-02-01 实施。

(5)《拟开放场址土壤中剩余放射性可接受水平规定(暂行)》,(HJ 53—2000),2000-12-01 实施。

四、其他

(1)《声环境质量标准》(GB 3096—2008),2008-10-01 实施。

(2)《声环境功能区划分技术规范》(GB/T 15190—2014),2015-01-01 实施。

(3)《城市区域环境振动标准》(GB 10070—88),1989-07-01 实施。

(4)《机场周围飞机噪声环境标准》(GB 9660—88),1988-11-01 实施。